Coffee Brewing Master

커피 브루잉
마스터
핸드드립

Preface

관세청의 수출입 무역 통계에 따르면 우리나라의 1년간 커피 생두/원두의 수입액은 2022년부터 매년 증가해 13억 달러를 돌파한 것으로 나타났다. 수입량으로 보면 20만 톤 이상으로 성인 1인이 하루 약 1.3잔을 소비할 수 있는 양이다.

커피에 대한 수요가 폭발적으로 늘면서 커피 시장의 규모도 빠르게 성장하고 있다. 예전에는 커피하면 가정이나 사무실에서의 믹스 커피를 떠올렸는데, 어느 순간부터 커피 전문점의 아메리카노가 커피의 대명사가 되었고, 이제는 에스프레소 기반의 베리에이션 메뉴 커피에서 핸드드립 커피까지 확대하여 즐기는 것이 일상으로 자리잡았다.

커피 애호가가 늘면서 색다른 맛과 향미, 특이한 느낌의 커피에 대한 관심이 증대되고 있다. 스페셜티 커피(Specialty Coffee)의 다채로운 향미와 고품질 커피, 생두의 생산 지역과 가공 과정에 따른 독특한 커피를 개성에 맞춰 선호하는 사람들이 늘고 있는 것이다.

고품질 스페셜티 커피의 고유한 맛과 향을 잘 표현할 수 있는 것이 바로 핸드드립이다. 다양한 핸드메이드 커피 추출 기구는 색다른 커피의 경험을 가져다 주었다. 앞으로 커피 시장은 비교적 맛이 표준화된 에스프레소 머신 기반의 커피에서 원두의 다양한 특징을 잘 표현해내는 핸드메이드 추출 커피로 변화될 것으로 보고 있다.

커피 시장 재편에 대비하기 위해 핸드메이드 커피 전문점에서는 핸드드립 커피 브루잉 마스터로 활동할 수 있는 바리스타를 많이 육성해야 할 것이다. ㈜KATE의 '커피 브루잉 마스터 자격증'은 이를 위해서 개발된 것이다.

이 책은 커피 브루잉 마스터 자격증에 대비하면서 핸드메이드 커피 브루잉(추출) 기술을 익히는 기본서로 구성되었다. 산지별 커피 원두가 지닌 특징과 고품질의 향미 있는 커피를 제조할 수 있는 핸드드립을 포함한 다양한 핸드메이드 커피 브루잉 도구 사용에 대한 기본적인 테크닉을 익힐 수 있도록 하였다. 본 교재를 활용하여 커피 브루잉 기술을 익히고 자격증까지 취득한 후 핸드드립 전문 바리스타로 왕성하게 활동하는 전문가들이 많이 나오기를 기대해본다.

2024년 5월
편집위원 일동

Contents

Chapter 03 침출식 · 가압식 커피 브루잉 실습

Appendix 부 록

COFFEE

Chapter 01

핸드메이드
커피 브루잉

1. 커피 브루잉의 이해

2. 드립식 커피 추출

Coffee Brewing Master
커피 브루잉 마스터

1 커피 브루잉의 이해

❶ 커피 브루잉이란?

커피 브루잉(Coffee Brewing, 추출)이란 원두를 분쇄한 후 물을 이용하여 커피 성분을 뽑아내는 것을 말한다. 즉, 커피 원두 안에 있는 향미 성분 중 물에 녹아서 나올 수 있는 수용성 성분을 물을 사용해서 뽑아내는 과정이다.

커피나무에서 수확한 열매는 탈곡과 가공 과정을 거쳐 생두(Green Bean)가 되고, 각 특성에 맞춰 로스팅 과정을 거치면 원두(Coffee Bean)가 된다. 이러한 원두를 각 추출 방법에 맞게 분쇄하고 물을 이용하여 원두의 가용 성분을 용해시켜 커피 입자 밖으로 용출시키는 방법으로 액체를 뽑아내는 것이 커피의 브루잉(추출)이다.

커피의 브루잉(추출)은 개성 있고 맛있는 커피를 완성시키는 가장 중요한 마지막 과정이다. 다양한 추출 방법과 바리스타의 추출 기술에 따라 원두가 가지고 있는 독특한 향미를 잘 구현하여 고품질 커피로 완성시켜 가는 과정이다.

커피의 좋은 향기, 상큼하고 달콤한 맛은 먼저 추출되고 쓴맛이나 떫은맛 같은 좋지 못한 맛은 천천히 추출된다. 그러므로 커피 추출 시 추출 기구의 특성을 잘 파악하여 추출하는 것도 중요하다.

❷ 커피 추출 방식

커피의 추출 방식은 크게 세 가지로 분류할 수 있다. 커피 원두를 담가서 추출하는 침출식, 걸러서 추출하는 여과식, 압력을 가해 추출하는 가압식이다. 각각의 추출 방식에 따라 추출된 커피는 제각기 다른 맛과 향을 내며 같은 방식이라도 다른 기구가 사용되면 그 특징은 또 달라진다.

다양한 방식과 기구를 통해 커피를 추출하면 같은 원두로 커피를 내리더라도 추출 방식과 기구에 따라서 맛과 질감의 차이가 많이 난다.

표 1-1_ 커피의 추출 방식과 추출 기구

여과식	침출식	가압식
• 핸드드립 • 콘, 융드립 • 케멕스 • 워터 드립(콜드블루)	• 체즈베(침출달임식) • 프렌치프레스 • 사이폰(진공침출여과식) • 클레버(침출여과식)	• 모카포트 • 에어로프레스 • 에스프레소 머신
• 필터에 걸러서 추출	• 커피를 담가서 우려냄	• 압력을 가해서 추출
• 향미가 풍부, 마일드	• 맛과 향이 강하고 진함	• 진한 맛과 거친 감촉

① 여과식 추출법

여과식 커피는 보통 종이 필터에 원두 가루를 넣고 뜨거운 물을 붓고 거르는 과정으로 커피를 내린다. Drip Coffee라고도 하고 Filter 또는 Brewing Coffee라고도 한다.

이 방식은 커피의 좋지 않은 성분을 필터가 걸러주기 때문에 커피 맛이 깔끔해지는 특징이 있다.

드리퍼에 종이 필터를 세팅하고 적절한 커피 가루를 넣고 뜨거운 물을 천천히 부어 서버로 내려 추출하는 것이다. 드리퍼의 종류에는 멜리타, 칼리타, 하리오, 고노, 콘, 융 등 다양하다. 필터의 종류에는 메탈, 종이, 천(융)으로 구분된다.

이렇게 다양한 드리퍼의 종류와 필터에 따라 커피의 향미와 질감이 달라진다. 그 밖에도 물의 양이나 온도, 물줄기의 굵기와 붓는 시간 등에 따라서도 커피의 맛과 향이 크게 달라진다. 그래서 핸드드립 커피는 '바리스타의 손맛'이 나는 커피라고들 말한다. 추출법 중에서 가장 적합한 추출 방식은 스트레이트(단종) 커피를 사용하는 것이다.

② 침출식 추출법

커피 원두를 물에 담가서 우려내는 침출식은 차와 같은 원리로 커피를 만들어낸다. 특별한 추출 기술이 필요한 것이 아니므로 누구나 쉽게 사용이 가능하고 일관된 맛의 재현성이 뛰어난 편이다. 반면 침출식 추출은 커피를 물속에 그냥 담가서 추출하는 방식이라 선명한 향미를 구현하기는 어려운 단점이 있다.

인류가 처음 커피를 만들어 마신 것도 바로 이 추출 방식이다. 밀가루처럼 아주 곱게 간 커피 원두를 끓인 다음 커피 가루 미분을 가라앉힌 후 마시는 커피를 체즈베 커피(Turkiye Cezve Coffee)라고 한다.

대표적인 침출식 추출 도구로는 프렌치프레스가 있다. 클레버는 이보다는 나중에 나와서 더 간편하고 좋은 맛을 보여주는 도구이다.

③ 가압식 추출법

가압식 추출 방식은 한 마디로 압력을 가해 커피를 추출하는 것이다. 때문에 가장 진한 커피를 추출할 수 있다. 가압식 추출 기구로 대표적인 것이 바로 에스프레소 머신이며, 모카포트(Moka pot)와 에어로프레스 등이 있다. 가압식으로 추출된 커피는 짙은 향과 풍부한 바디감을 느낄 수 있는 것이 특징이다.

에스프레소 머신은 9기압의 높은 압력으로 짧은 시간 내에 커피를 추출한다. 이렇게 추출된 에스프레소는 카페인이 적고 커피의 순수하고 진한 맛을 느낄 수 있다는 장점이 있다.

모카포트 역시 물이 끓을 때 수증기의 압력으로 에스프레소가 짧은 시간에 추출된다. 이렇게 추출된 에스프레소 역시 카페인 함량이 적고 깊고 풍부한 맛이 난다.

③ 커피 추출 준비

① 원두의 선택

맛있는 커피는 좋은 생두를 사용하여 추출 기구와 방식에 적합한 포인트로 로스팅된 신선한 것을 선택해야 한다.

- 로스팅 후 시간이 흐름에 따라 원두의 가스 함량과 향미 성분의 양이 줄어들게 되므로 로스팅된 지 2주를 넘기지 않은 원두를 사용하는 것이 좋다.
- 로스팅 후 원두는 가스가 어느 정도 빠지고 숙성되어 최상의 맛을 내는 적당한 시기가 있는데 보통 3~4일 정도의 시간이 필요하다.
- 로스팅 단계별 커피의 향미 변화 과정에 따라 추출 방식과 기구에 적합한 로스팅 포인트를 점검하고 적합한 원두를 선택한다.

표 1-2_ 로스팅 단계별 원두 향미

단 계	원두 색깔	맛	향
Light 최약배전 #95	밝고 연한 황색	• 강한 신맛	• 곡물 특유의 퀴퀴한 냄새
Cinnamon 약배전 #85	황갈색	• 다소 강한 신맛 • 약한 단맛과 쓴맛	• 갈변 반응 향기(Nutty)
Medium 중배전 #75	밝은 갈색, 밤색	• 산뜻한 신맛 • 약한 단맛 • 약한 쓴맛	• 향미와 빛깔이 좋음, 신향 • 갈변 반응 향기(Caramelly)
High 강중배전 #65	진한 갈색	• 신맛이 엷어짐 • 단맛이 나기 시작 • 과일의 풋풋한 단맛	• 갈변 반응 향기(Caramelly)
City 약강배전 #55	진한 밤색	• 신맛과 쓴맛의 균형, 깔끔한 단맛이 특징	• 개성이 강한 원두에 좋음 • 갈변 반응 향기(Chocolaty)
Full City 중강배전 #45	초콜릿색	• 신맛이 거의 사라짐 • 진한 단맛과 쓴맛	• 갈변 반응 향기(Chocolaty)
French 강배전 #35	짙은 초콜릿색	• 강한 쓴맛 • 중후한 맛	• 강한 바디감 • 약한 탄 냄새
Italian 최강배전 #25	흑색에 가까움	• 매우 강한 쓴맛 • 탄 맛	• 진한 탄 냄새

(1) Light Roasting(라이트 로스팅 : 최약배전)

감미로운 향기가 나지만 이 단계의 원두를 가지고 커피를 추출하면 쓴맛, 단맛, 깊은 맛은 거의 느낄 수 없다.

(2) Cinnamon Roasting(시나몬 로스팅 : 약배전)

뛰어난 신맛을 갖는 단계이며 그 신맛을 즐기고 싶다면 이 단계의 원두가 최적이다. 커피의 신맛이 두드러지며 약간 단맛과 쓴맛이 나는 편이다. 산미가 좋은 원두들은 이 단계에서 산미가 활성화된다.

(3) Midium Roasting(미디엄 로스팅 : 약강배전)

부드러우면서도 신맛, 단맛, 약한 쓴맛을 적절히 느낄 수 있다.

신맛이 주역인 아메리칸 커피는 이 단계의 원두가 최적이다. 식사 중에 마시는 커피로 적합하며 추출해서 마실 수 있는 기초 단계이다.

(4) High Roasting(하이 로스팅 : 중약배전)

여기서부터 신맛이 엷어지고 단맛이 나기 시작하며 그 조화가 좋은 편이다. 부드러운 레귤러 커피 추출은 물론이고 핸드드립 용도의 원두로도 많이 사용된다.

(5) City Roasting(시티 로스팅 : 중중배전)

많은 로스터들이 '로스팅의 표준'이라고도 칭하는 단계다. 신맛과 단맛의 변화가 아주 큰 구간이다. 약한 신맛과 쓴맛의 밸런스가 잘 잡혀 있으며 다소 강한 향미가 특징이다. 스페셜티 커피에 적합한 강도이며 스트레이트 커피로도 사용된다.

(6) Full City Roasting(풀 시티 로스팅 : 중강배전)

신맛은 거의 없어지고 쓴맛과 진한 맛이 커피 맛의 정점에 올라서는 단계로 스모키한 향이 나기 시작한다. 아이스커피 용도로 사용할 수 있다. 크림 또는 우유를 가미하여 마시는 유럽 스타일. 에스프레소 커피(Espresso Coffee)용의 표준이다.

(7) French Roasting(프렌치 로스팅 : 강배전)

다크 로스팅의 대명사로 불리는 단계다. 강한 스모크 향이 나며 원두의 표면에 커피 오일이 끼기 시작한다. 커피의 산미는 사라지고 쓴맛과 커피 특유의 진한 맛, 중후한 맛이 강조된다. 주로 대형 프랜차이즈 카페에서 사용하는 로스팅 단계이다.

(8) Italian Roasting(이탈리안 로스팅 : 최강배전)

가장 강하게 원두를 볶는 로스팅 최종 단계로 원두 표면에 커피 오일이 빠져나와 반짝거린다. 진한 쓴맛이 나며 진한 맛의 최대치에 달하지만 바디감은 줄어든다. 원두에 따라서 타는 냄새가 나는 경우도 있다. 예전에는 에스프레소(Espresso)용으로 많이 선호되었으나 점차 줄어드는 경향을 보이고 있다.

2 원두의 분쇄

커피의 향미가 풍부한 품질 좋은 커피를 추출하기 위해서는 원두를 추출 직전에 분쇄해야 한다. 추출 기구에 맞는 적합한 분쇄도와 적당한 커피 양을 사용하는 것도 중요하다.

커피 추출에서 향기와 맛에 영향을 주는 요소는 분쇄된 커피와 물과의 접촉 시간, 접촉 면적, 물의 온도이다. 일반적으로 물의 온도가 높고, 물과의 접촉 시간이 길수록 커피도 굵게 분쇄하는 것이 좋다. 실제로 커피 추출 방법에 적합한 분쇄도를 비교해보면 에

🍵 그림 1-1_ 추출 기구와 분쇄 정도

스프레소, 핸드드립, 프렌치프레스순으로 분쇄도가 굵어진다.

③ 물의 선택과 온도

(1) 커피와 물

일반적으로 마시는 아메리카노와 브루잉 커피는 대략 1~2% 정도의 고형분(커피 성분)이 함유되어 있으며 에스프레소는 약 9~12% 이다. 즉, 한 잔의 커피에서 약 90% 이상이 물이라는 것이다.

커피를 내리는 데 물이 커피 맛의 90% 이상을 좌우한다고 할 수 있다. 같은 원두라도 시중에서 파는 '생수'를 이용하느냐 '수돗물'을 이용하느냐에 따라 맛이 달라지기도 한다.

이는 물의 총 용해성 물질(TDS)과 관계가 있다. TDS는 무기질(Minerals) 함량을 뜻한다. 미국스페셜티 커피협회(SCAA)는 커피를 내릴 때 TDS의 정도를 75~250ppm을 기준으로 제시하고, 이 범위를 벗어난 물은 사용하기 부적합한 물로 보고 있다.

표 1-3_ TDS 수치에 따른 커피의 농도와 맛

구 분	내 용
낮은 수치 TDS < 50ppm	• 쓴맛, 불균형한 바디와 산미, 아로마 커피 추출
높은 수치 TDS > 500ppm	• 바디감과 단맛이 낮은 커피 추출 • 미네랄 성분이 커피에서 검출될 수 있음

표 1-4_ 경수, 연수와 커피 추출

구 분	내 용	
경수(센물)	• 미네랄로 포화된 상태 • 지하수, 샘물	• 커피가 과소 추출됨 • 향미가 가볍고 약해지기 쉬움
연수(단물)	• 미네랄이 부족한 상태 • 증류수, 수돗물	• 커피가 과다 추출됨 • 커피 맛이 쓰거나 시어지기 쉬움

미네랄의 상당수는 칼슘, 마그네슘, 나트륨, 칼륨 등의 성분으로 구성되어 있다. 그중에서도 특히 칼슘과 마그네슘은 다른 미네랄 성분 대비 커피 맛에 주는 영향이 큰 것으로 알려져 있다. 따라서 연수를 사용하면 물의 개성이 커피 성분에 영향을 주지 않기 때문에 커피 자체의 특징이 나오기 쉽다.

표 1-5_ 칼슘, 마그네슘과 커피 추출

구 분	내 용
칼슘	• 커피 안의 향(Aroma)을 보존하는 역할 • 맛있는 커피를 만드는 데 도움을 줌
마그네슘	• 커피 안의 향 분자를 가림 • 거의 모든 커피 구성 성분을 뽑아내는 촉매 역할을 함

커피를 추출하는 데 사용하는 물은 물 속 미네랄의 양과 종류, 밸런스가 중요하다. 우리나라의 수돗물은 연수로 분류되므로 수돗물을 정수하여 사용하는 것이 제일 적당하다고 볼 수 있다.

(2) 물의 온도

아울러 물의 온도도 중요하다. 이상적인 온도는 91~95℃ 가량이다. 적절하게 뜨거운 물이 분쇄된 원두에 함유된 가용성 고형물을 녹여내어 커피에 향과 아로마를 부여하는 화학 물질과 성분을 추출해내기 때문이다.

표 1-6_ 물의 온도와 추출 커피의 맛

구 분		내 용
높은 온도	96~100℃	• 과다 추출로 쓴맛이 나기 쉬움
적정 온도	91~95℃	• 커피의 향미와 바디가 좋음 • 쓴맛, 단맛, 바디 등이 골고루 잘 추출됨
낮은 온도	90℃ 이하	• 과소 추출로 신맛과 떫은맛이 증가함 • 쓴맛, 단맛, 바디는 감소됨

거칠게 그라인딩된 커피는 높은 온도에서 추출하는 게 좋다. 온도가 낮으면 신맛이 강해지고 온도가 높으면 쓴맛이 강해지므로 신맛이 더 강한 거친 원두는 뜨거운 온도로 신맛을 잡아줄 수 있다.

④ 추출 시간

추출 시간은 커피의 농도와 맛을 결정한다.

커피의 추출 시간은 원두의 분쇄도와 가장 연관이 깊다. 입자가 가늘면 커피 가루의 밀도가 촘촘해 물이 통과하는 데 시간이 오래 걸려 그만큼 추출 시간도 길어진다. 반면 입자가 굵으면 밀도가 낮아 물이 그만큼 빠르게 통과되어 추출 시간도 짧아진다.

추출 시간을 조절하는 또 다른 방법은 물줄기 모양이다. 따라서 동일한 조건에서 물줄기 굵기는 추출 시간에 영향을 미친다. 똑같은 양의 물을 부어도 물줄기가 가늘면 추출 속도가 느려져 추출 시간이 길어지고 물줄기가 굵으면 추출 속도가 빨라져 추출 시간이 짧아진다. 따라서 물줄기가 커피 맛을 결정하는 중요한 요소가 되므로 바리스타의 물줄기 관리 테크닉이 중요하다.

표 1-7_ 추출 시간과 커피의 맛

구 분	내 용
추출 시간이 너무 길면	• 커피 성분 과다 추출로 진한 커피가 됨 • 물과 커피 성분의 균형이 깨져 쓴맛이 강해짐 • 카페인 함량이 높아짐
추출 시간이 너무 짧으면	• 커피 성분 과소 추출로 연한 커피가 됨 • 신맛이 강해지고 물맛도 심해짐 • 카페인 함량이 낮음

커피의 신맛 성분은 추출 속도가 빨라 짧은 시간에 추출되고 일정 시간이 지나면 더 이상 추출되지 않는다. 반면 쓴맛은 추출 속도가 늦기 때문에 시간이 길수록 더 많이 추출된다. 한편 추출 시간이 길어질수록 카페인 함량도 높아진다.

2 드립식 커피 추출

① 드립식 커피(Drip coffee)의 이해

필터식 또는 드립식 커피는 오늘날 가장 널리 사용되는 커피 추출 방식으로, 특히 미국과 독일에서 애용되고 있다. 즉, 드립 커피란 분쇄한 원두 가루를 거름망을 장치한 깔때기에 담고 온수를 통과시켜 추출하는 커피를 말한다. 여과 추출 방식인 드립 추출은 상업용으로 사용하는 커피 브루어(Coffee Brewer)나 가정용으로 사용하는 전기 커피메이커, 그리고 주전자를 이용해 손으로 직접 물을 부어 가며 추출하는 핸드드립으로 크게 나눌 수 있으며, 핸드드립은 다시 넬(융)드립과 페이퍼드립, 콘드립으로 나눌 수 있다.

드립 커피(Filtered coffee/Pour-over coffee)란 국내에서는 푸어오버라는 명칭(주로 미국에서 쓰는 방식으로)으로 사용하는데, 특정한 틀에 얽매이지 않고 편하게 물을 한 번에 붓는다는 의미이다. 이것은 소위 '정드립'이라고 불리는 일본식 나눠 붓기 드립법과 구분하기 위한 단어로 쓰이기도 한다. 하지만 영어권에서는 크게 구분하지 않고 푸어오버, 핸드푸어를 드립커피와 같은 의미로 이해한다.

1 기계식 드립 = Auto Drip

◀ 상업용 커피 브루어

◀ 가정용 커피메이커

기계식 드립은 장착되어 있는 드립퍼의 크기에 맞는 종이 필터를 장착하고 커피 입자를 담아 정수된 뜨거운 물을 분사하여 뽑아내는 형식의 기계이다. 커피 브루어는 상업용으로 많이 쓰이며 대용량의 커피를 뽑을 수 있고, 온열 유지판이 여러 개 장착되어 있어 미리 추출해 놓은 여러 잔의 커피를 따뜻하게 보관할 수 있다. 커피메이커는 일반 가정에 한 대씩은 가지고 있을 정도로 많이 사용되고 있으며, 물을 직접 분사하지 않고 물을 담아 놓은 뒤 끓으면 증기가 위로 올라가 결로가 형성되어 떨어지면서 커피가 추출된다.

② 핸드드립(Hand Drip) = Manual Drip

사람의 손으로 직접 물을 조절해 가면서 추출하는 커피이다. 그에 따라 기본 요소인 물맛, 물의 온도, 커피 원두(종류, 로스팅, 그라인딩)의 특성, 필터의 종류, 물을 따르는 속도와 방법에 따라서 커피 맛이 좌우된다.

이처럼 기술적인 요구 사항이 많기에 가장 바리스타의 실력이 드러나는 추출법이라고 할 수 있다.

필터 방식에는 크게 금속, 천(융), 종이가 쓰이는데, 종이가 가장 유분 흡수력이 강하고 미분(커피 가루)의 잔여물이 적다.

드립 커피에 쓰일 만큼 관리된 단종 원두들은 생산 국가, 농장 등으로 세분화한 다음 맛 표기인 컵노트까지 분류하면서 차별화되었다. 최근에는 바리스타의 화려한 테크닉을 과시하기보다는 원두의 특성을 살리고 추출 결과물을 균일하게 하는 쪽이 더 중요하게 여겨지고 있다. 요즘 커피 트렌드가 깔끔한 맛이기에 균일성+클린컵(명확한 맛)까지 요구되고 있는 것이다.

최근 카페들은 스페셜티 커피의 선호도가 늘면서 에스프레소 기반 음료들 중심에서 드립 커피를 주력으로 하는 곳이 많아지고 있다.

일본에서는 지금도 핸드드립이 카페의 주력 메뉴이며, 옛날 카페들 중에는 아메리카노의 존재조차 모르는 카페 마스터도 있다고 한다. 커피를 자주 마시는 북유럽에서는 스페셜티 커피의 메카로 발전한 만큼 드립 커피가 대중화되어 있다.

❷ 핸드드립 기본 사항

① 핸드드립 기본 도구

핸드드립을 위해서는 보통 드립 포트, 커피, 그라인더, 계량스푼, 온도계, 전자저울, 스톱워치, 드리퍼, 서버, 필터, 커피잔 등이 필요하다.

(1) 드립 포트(Drip Pot)

물을 붓는 주전자를 드립 포트라고 하는데 일반 주전자와 달리 핸드드립을 위한 전용 주전자를 말한다. 주로 배출구는 S자의 좁고 가는 형태를 이루고 있다. 직선형이면 물이 나오는 속도가 너무 빨라 커피에 충격을 주기 때문이다. 배출구가 S자로 휘어 물이 나오는 속도를 늦추고 좁고 가늘어서 물줄기를 컨트롤하기 쉽다. 드립 포트는 추출용으로 직접 불에 올려 가열하면 안 되고 사용 후에는 물을 버리고 뒤집어서 보관하는 것이 좋다.

(2) 드리퍼(Coffee Dripper)

여과지를 올려놓고 분쇄된 커피를 담는 기구로 재질과 구조, 크기에 따라 다양한 종류가 있다.

(3) 여과지(Filter)

커피를 거르는 역할을 해주며 천(융)이나 종이가 쓰이는데 종이 필터는 천연 펄프와

표백 여과지가 있다. 천연 펄프는 표백을 하지 않아 브라운색(갈색)인 반면 표백 여과지는 흰색으로 맛이 더 깔끔하게 추출된다. 종이 여과지의 경우 일회용이므로 융드립에 비해 사용이 간편하지만 장기간 보관 시 공기 접촉을 막기 위해 밀봉해서 보관해야 한다.

(4) 드립 커피용 서버(Server)

핸드드립 시 드리퍼를 통해 추출되는 커피가 담기는 용기이다. 대체적으로 내열 유리 재질로 제작되어 있으며 모양도 드리퍼 일체형과 분리형, 드리퍼의 종류에 따른 전용 서버가 있다. 일반적인 서버(분리형)는 뚜껑을 열고 상단에 드리퍼를 세팅한 후 핸드드립을 한다.

(5) 전자저울(스톱워치 겸용)

정드립을 위해서는 물의 정확한 투입량과 총 추출 시간을 맞추는 것이 중요하다. 1,000그램용 스톱워치 타이머 겸용 계량 저울에 드립 세트를 올린 뒤 커피 가루 양, 물의 양, 총 추출에 걸리는 시간 등을 정확하게 계량하면서 핸드드립을 진행한다.

❷ 핸드드립의 바른 자세

- 다리는 어깨너비로 벌린 후 오른발을 뒤로 약간 빼준다.
- 드립 포트의 배출구가 길 경우 양발을 일자로 하고 45°로 주입한다.
- 핸드드립 시 팔의 각도는 90~100° 정도를 유지한다.
- 팔을 어깨에 가볍게 붙이고 한쪽 어깨가 올라가지 않도록 한다.
- 드립 포트, 엄지와 팔목, 팔이 일직선이 되도록 한다.
- 물 조절 시 손목이 아닌 팔 전체를 이용해 스윙을 해야 흔들림이 적다.
- 드립 테이블의 높이는 70~80cm 정도가 적당하다.
- 다른 한손은 테이블을 잡아 몸의 흔들림을 방지한다.

❸ 물줄기

- 핸드드립의 생명은 물줄기를 얼마나 잘 조절할 수 있는가에 있다.
- 물줄기를 가늘게 또는 굵게 바리스타가 의도한 대로 컨트롤할 수 있어야 한다.
- 꾸준한 연습으로 물줄기를 일정하게 붓는 것이 중요하다.
- 물줄기는 꼬이지 않고 일직선으로 따라지는 포트를 사용한다. 꼬인 물줄기에는 공기가 들어가 커피 가루에 일정하게 물이 닿지 못하게 되어 추출이 원활하게 진행되지 않기 때문이다.

- 물은 커피에 뿌리기보다는 찔러주는 느낌으로 주입해야 추출이 원활하게 된다.
- 드립 포트와 커피 가루 사이 간격은 되도록 가깝게 한다. 간격이 너무 멀어지면 물줄기가 가늘어지고 추출 정확도도 떨어진다.
- 물은 커피 가루 면에 수직이 되도록 주입한다. 사선으로 주입하면 커피 가루에 충격을 주고 물줄기가 약해져 원활한 추출이 어렵다.
- 물줄기 회전 시에 물줄기가 출렁거리거나 흔들림 없이 균일하고 원활하게 드립할 수 있어야 원활한 추출이 이루어진다.

❹ 잘못된 물줄기 유형

(1) 일정하지 않은 물줄기

물줄기의 굵기가 일정하지 않으면 커피 성분이 일정하게 추출되지 않아 맛이 없는 커피가 추출된다.

(2) 너무 높은 물줄기

드립 포트를 너무 높게 들어 드립하게 되면 물줄기가 약해지면서 정확도가 떨어지고 추출 시간이 너무 길어져 떫고 텁텁한 맛의 커피가 추출된다.

(3) 편중된 물줄기

커피 표면에 물을 고루 주입하지 못하면 특정 부분에 물을 주지 않게 되어 커피 성분이 충분히 우러 나오지 못해 싱겁고 밋밋한 커피가 추출된다.

5 뜸들이기

핸드드립 커피의 첫 단계가 뜸들이기다. 뜸들이기를 잘해야 커피 성분이 원활하게 추출되어 맛있는 커피를 완성할 수 있다. 뜸을 들이는 이유는 물이 균일하게 확산되면서 원두 가루 전체에 물이 고르게 스며들게 하고 커피에 함유된 탄산가스와 공기를 빼주고 커피의 수용성 성분이 물에 녹아들게 하기 위해서이다. 뜸들이기가 잘되면 커피가 잘 부풀어 오르고 커피의 수용성 성분 추출이 원활하게 되어 향미 좋은 커피를 추출할 수 있게 된다.

· 물은 나선형으로 주입한다. 가운데서 시작해 점차 바깥쪽으로 나아가며 원이 커진다는 느낌으로 물을 주입한다.
· 물을 가늘고 촘촘하게, 빠짐없이 주어야 하며 한곳에 계속 머물면 의도하지 않은 추출이 이루어지므로 주의해야 한다.
· 촘촘히 주지 않을 경우 뜸이 들지 않는 부분이 생겨 커피 맛이 제대로 나타나지 않게 된다.
· 종이 필터에 직접 물이 닿으면 드리퍼를 타고 물이 서버로 흘러 들어가 커피가 연해지므로 뜸들이기 할 때 종이 표면에는 물이 닿지 않도록 주의해야 한다.

(1) 뜸들이기 시 물 적정 주입

드리퍼 가장자리는 중앙보다 커피 가루층이 얇으므로 물을 적고 빠르게 주입하도록 한다. 종이 필터에는 물줄기가 직접 닿지 않도록 해야 한다. 커피 가루를 전체적으로 균일하게 적셔주는 뜸들이기 물의 적정량은 물 드립 후 서버에 커피 방울이 몇 방울 정도만 떨어지도록 하는 것이다.

적당량의 물을 주입하기 위해 계량 저울을 사용하는 것도 좋은 방법이다. 이렇게 해야 가장 맛있는 커피를 추출할 수 있다.

(2) 뜸들이기 시 물 과다 주입(커피 성분 과소 추출)

뜸들이기 물을 너무 많이 주입하게 되면 커피 가루를 적시고 남은 물이 서버로 곧바로 떨어지게 된다. 즉, 의도치 않은 추출이 이루어지며 커피 성분이 충분히 나오지 않는, 맛이 약한 과소 추출이 진행된다.

(3) 뜸들이기 시 물 과소 주입(커피 성분 과다 추출)

물을 너무 적게 주입하면 커피 가루를 충분히 적시지 못해 원활한 추출이 안 된다. 추출 시간이 지나치게 길어져 텁텁한 맛, 불필요한 맛까지 추출되는 과다 추출이 이루어진다.

③ 드리퍼(Dripper)의 종류와 특징

드리퍼(Dripper)란 서버(Server : 드립 추출되는 커피가 담기는 기구) 위에 올려놓고 여과지(Filter)의 틀을 잡아주어 커피를 핸드드립 할 수 있게 해주는 깔때기 모양의 도구이다. 제작사에 따라 추출 구멍 수도 다르고 모양과 형태도 다르고 재질도 다양하다.

세계 최초의 드리퍼는 독일의 멜리타 벤츠에 의해 만들어졌다. 독일의 가정 주부였던 멜리타 벤츠

▲ 멜리타 벤츠(Melitta Bentz, 1873-1950)

(Melitta Bentz)는 튀르키예 커피의 찌꺼기를 걸러내기 위해 종이를 사용하게 되었으며, 이후 그 방법을 편리하게 개량해서 깔때기(멜리타 드리퍼)를 만들어 사용한 것이 드리퍼의 시초가 되었다.

그 후 드립 기구들이 일본으로 넘어와 개량된 것이 지금의 칼리타(Kalita) 핸드 드리퍼이다. 이후 사다리꼴 깔때기 모양이 나타났으며 거듭된 개량을 통해 다양한 형태와 모양의 드리퍼가 개발되고 있다.

▲ 드리퍼의 시초 멜리타 드리퍼

1 멜리타(Melitta)

칼리타보다 납작한 모양을 갖고 있으며 깊이가 얕은 편이다. 추출 구멍이 1개여서 추출 시 물이 필터 안에서 머무는 시간이 길어 추출 속도가 느리고 중후한 느낌을 주는 커피가 추출된다. 물이 커피에 머무는 시간이 길어지기 때문에 자칫 부정적인 쓴맛이나 잡맛까지 추출할 수 있다. 그러므로 커피 입자나 추출 시간을 고려하여 드립하는 것이 중요하다.

2 칼리타(Kalita)

멜리타 드리퍼를 일본에서 개량한 것으로 일반적으로 많이 사용하는 드리퍼이다. 경사각이 멜리타보다 완만하며, 추출 구멍이 3개이다. 물이 필터 안에서 머무는 시간이 적당하여 초보자들에게도 선호도가 높다. 중배전(시나몬·미디엄·라이트 로스팅) 정도의 원두를 사용하여 밸런스가 좋고 깔끔한 느낌의 커피를 즐기는 데 적합한 드리퍼이다.

③ 칼리타 웨이브(Kalita Wave)

칼리타 클래식이 가진 여러 단점을 해결하기 위해 칼리타사에서 새로 만든 드리퍼이다. 원추형의 깔때기에 밑면이 평평하고 안쪽에 가로로 많은 주름이 있으며, 전용 필터는 세로로 구불구불한 주름이 접힌 특이한 모습을 하고 있다. 추출구는 3구이다. 주로 푸어오버 추출법을 선택하며 누구나 비슷한 커피의 맛을 낼 수 있다는 장점을 가지고 있다.

④ 고노(Kono)

고노는 원추형 드리퍼의 원조이다. 멜리타와 같이 추출 구멍이 1개이지만 양면 경사가 V자 계곡 모양을 하고 있는 멜리타와는 달리 고노는 고깔 모양의 원뿔 형태를 하고 있으며 구멍의 크기도 크다. 칼리타와 멜리타의 단점을 보완해주는 드리퍼로 커피를 한 군데로 모아서 내림으로써 원두의 맛을 모두 추출할 수 있으며 진한 커피를 즐기는 데 적합하다.

5 하리오(Hario)

하리오는 고노와 비슷한 원추 모양으로, 유리 제품으로 유명한 일본 하리오사에서 개발한 드리퍼이다. 현대적인 스페셜티 커피의 대표격 드리퍼로 사용되고 있다. 제품 시리즈의 이름인 V60의 의미는 드리퍼의 모양과 그 각도를 표시한 것이다.

고노보다 추출구가 더 크며, 고노와 달리 나선형 가이드가 드리퍼의 끝 부분까지 있어 물빠짐이 매우 빠른 것이 특징이다. 물빠짐이 빠르기 때문에 커피의 잡맛을 유발하는 타닌 등이 최소한으로 추출되어 맛이 매우 부드러우며 향미가 풍부한 편이다. 다른 드리퍼보다 과소 추출되는 경향이 있는 만큼 독하지 않고 부드러운 커피를 원하는 사람들에게 적극 추천되는 드리퍼이며, 소위 말하는 클린 컵에서 강점을 보인다.

6 케멕스(Chemex)

다른 핸드드립 도구에 비해 두꺼운 필터(곡물 성분 함유)를 사용해 깔끔한 맛을 살리는 것이 특징이다. 드리퍼와 드립 서버가 일체형이기 때문에 사용 및 보관이 쉽다는 장점이 있으며 바닥면은 넓게 퍼져 있고 호리병과 같이 허리가 잘록하게 되어 있어 와인디켄더와 마찬가지로 커피의 향미를 꽉 잡아주는 특징이 있다.

케멕스는 추출되는 물의 양과 상관없이 거의 일정한 추출 시간을 유지할 수 있어 누구나 쉽게 추출이 가능하다.

④. 드리퍼의 재질과 특징

1 플라스틱 드리퍼(Plastic Dripper)

플라스틱 드리퍼는 가격이 저렴하고 예열이 거의 필요 없다. 도자기 드리퍼에 비해 쉽게 깨지지 않는다는 것도 장점이다. 투명하기 때문에 실시간으로 커피가 추출되는 과정을 지켜볼 수도 있다.

2 도자기 드리퍼(Ceramic Coffee Dripper)

도자기 드리퍼는 열용량이 커서 예열을 해줘야 한다. 열용량과 열전도는 다른 개념이다. 열전도가 잘 되는 드리퍼는 커피를 추출할 때 열을 쉽게 빼앗긴다. 플라스틱 드리퍼보다는 내열에 있어서 튼튼하지만, 떨어뜨리면 와장창 깨지게 된다.

❸ 동 드리퍼(Copper Coffee Dripper)

동 드리퍼의 장점은 예쁘고 영구 사용이 가능하는 점이다. 미리 예열이 필요하다는 점과 단가가 비싸다는 이유로 잘 쓰이지는 않는다. 가정에서 사용한 후에 제때 닦아 말리지 않으면 얼룩이나 녹이 생겨 보기 흉해지거나 커피의 맛을 해친다.

❹ 스테인리스 드리퍼(Stainless Steel Coffee Dripper)

동 드리퍼의 문제를 어느 정도 해결한 드리퍼이다. 장점은 영구적으로 사용 가능하고 동 드리퍼에 비해 가격이 부담스럽지 않다는 것이다.

5 내열 유리 드리퍼

내열 유리 드리퍼는 내열 유리로 만든 드리퍼와 그와 결합할 수 있는 폴리프로필렌 부분으로 이루어져 있다. 장점은 투명하고 플라스틱에서 우려되는 환경 호르몬에 대한 염려가 없다는 점이다.

커피 브루잉 마스터
Coffee Brewing Master

Chapter 02

여과식 커피 브루잉
실습

1. 칼리타 핸드드립 추출하기

2. 하리오V60 핸드드립 추출하기

3. 칼리타 웨이브 핸드드립 추출하기

4. 융드립 추출하기

5. 콘드립 추출하기

6. 케멕스 추출하기

7. 콜드브루 추출하기

Coffee Brewing Master
커피 브루잉 마스터

1 칼리타(Kalita) 핸드드립 추출하기

KATE 칼리타

동영상 보면서
실습하기

　　칼리타 드리퍼는 멜리타 드리퍼를 일본에서 개량해서 나온 드리퍼로 핸드드립 커피 추출에 가장 많이 사용하는 드리퍼다. 중배전(시나몬·미디엄·라이트 로스팅) 정도의 원두를 사용하며 물이 필터 안에서 머무는 시간이 적당하여 밸런스가 좋고 비교적 초보자들의 커피 추출에도 적합하다. 한편 추출구 3개의 구멍이 작은 편이라 추출 속도가 어느 정도 제어되고 커피가 평평한 드리퍼 바닥에 모였다 빠져나가기 때문에 전체적으로는 과소 추출의 위험이 적다.

　　칼리타는 가는 물줄기로 균일하게 3번에 걸쳐 나눠 드립하는 정드립 방법에 적합한 드리퍼이다. 때문에 핸드드립 테크닉이 부족하면 맛이 균일하게 나지 않는다는 게 단점이다. 반면 종이 필터는 대부분 칼리타 형식을 따르고 있어서 사용이 편리하다.

　　칼리타 시리즈는 플라스틱, 세라믹, 동 재질로 나뉘며 각 모델별로 사이즈와 모양이 조금씩 다르다.

| 플라스틱 | 세라믹 | 메탈(동/스테인리스) |

- 칼리타 드리퍼 / 종이 필터
- 드립 포트, 서버, 잔, 저울, 타이머
- 원두 로스팅 포인트 : 미디엄
- 원두 분쇄도 : 0.7~1.0mm
- 원두 : 20g(2인분 기준)
- 물 : 300㎖
- 물 온도 : 88~96℃
- 총 추출 시간 : 약 2분 30초
- 총 추출 커피 : 240㎖(2인분 기준)

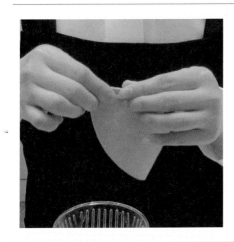

① 종이 필터 접고 모양 잡기

- 1차, 필터의 아래 접합 부분을 접는다.
- 2차, 필터의 옆 접합 부분을 아래 부분 접었던 반대 방향으로 접는다.
- 3차 안쪽을 벌리고 모양을 잡는다.

② 드리퍼에 필터 넣기

- 칼리타 드리퍼에 필터를 넣는다.

③ 종이 필터 린싱하기

- 뜨거운 물로 종이 필터를 헹군다.
- 종이 필터 전체 면이 린싱될 수 있도록 위 아래로 회전시키면서 드립한다.

④ 린싱 물 버리기

- 서버에 담겨진 린싱 물을 잘 흔들어준 후 물을 버린다.

5 드리퍼에 커피 가루 담기

· 원두를 핸드드립용 분쇄도에 맞춰 그라인딩한 후 필터가 세팅된 드리퍼에 담는다.

6 커피 가루 수평 고르기

· 드리퍼를 들어올린 후 흔들거나 톡톡 가볍게 치면서 커피 가루가 평평해지도록 고른다.

7 뜸들이는 물 붓기

· 온수량 : 20~30㎖

· 온수가 종이 필터에 닿지 않도록 하면서 가는 물줄기로 커피 가루 2/3 이상 적셔지도록 드립한다.

8 뜸들이기

· 시간 : 30~40초

· 커피 가루가 충분히 부풀어 오르고 표면이 갈라지면서 이산화탄소가 배출될 때까지 뜸을 들인다.

9 1차 추출하기 : 온수량 : 120㎖

· 물줄기를 가늘게 해서 안에서 밖으로 타원형을 그리면서 천천히 드립한다.

10 2차 추출하기 : 온수량 : 100㎖

· 중간 물줄기로 안에서 밖으로 타원형을 그리면서 천천히 드립한다.

11 3차 추출하기 : 온수량 : 50~80㎖

· 굵은 물줄기로 안에서 밖으로 타원형을 그리면서 빠르게 드립한다.

2 하리오V60 핸드드립 추출하기

KATE 하리오V60

**동영상 보면서
실습하기**

하리오는 고노와 비슷한 원추 모양으로, 유리 제품으로 유명한 일본 하리오사에서 개발한 드리퍼이다. 하리오는 현대적인 스페셜디 커피 추출의 대표격 드리퍼로 사용되고 있다. 제품 시리즈의 이름인 V60의 의미는 드리퍼의 모양과 그 각도(외부 각 60°)를 표시한 것이다. 하리오V60 드리퍼는 Good Design Award에서 수상하기도 했다.

내열 유리

세라믹

메탈(동/스테인리스)

고노보다 추출구가 더 크며, 고노와 달리 나선형 리브가 드리퍼의 끝 부분까지 있어 물 빠짐과 가스 배출이 매우 빠른 것이 특징이다. 물 빠짐이 빠르기 때문에 커피의 잡맛을 유발하는 타닌 등이 최소한으로 추출되어 맛이 매우 부드러운 편이다. 다른 드리퍼보다 과소 추출되는 경향이 있는 만큼 부드럽고 풍부한 향의 커피를 원하는 사람들에게 적극 추천되는 드리퍼이며, 소위 말하는 클린 컵에서 강점을 보인다.

하리오V60 드리퍼는 재질에 따라 여러 가지 제품이 출시되어 있다. 유리, 플라스틱, 세라믹, 메탈(동, 스테인리스) 이렇게 5가지 종류가 있다.

표 2-8_ 하리오V60 드리퍼의 사이즈

구 분		내 용
01	1~2인용	• 한 잔의 커피를 추출할 때 사용 • 원두의 분쇄도를 조금 크게 해서 빠른 시간에 추출
02	1~4인용	• 두 잔 이상의 커피를 추출할 때 사용 • 원두의 분쇄도를 조금 작게 하고 • 다소 천천히 추출해서 진한 맛의 커피를 추출

하리오V60 핸드드립 추출에는 가볍고 산미가 강한 약배전 원두를 사용하면 클린컵 커피 추출 성향이 좋은 시너지를 발휘한다. 이렇게 약배전에 유리한 성향 덕분에 여러 바리스타들의 연구와 레시피들이 정립되면서 스페셜티 커피업계에서 가장 대세를 이루는 드리 퍼로 자리잡고 있다.

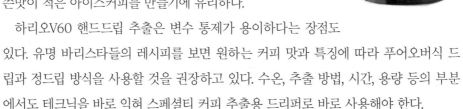

빠른 속도로 많은 양을 만들 수 있어 아이스커피를 만드는 용 도에 적합하다. 빠른 속도는 맛에서도 아이스커피에 대한 강점 을 보인다. 쓴맛은 차가울 때 더 강하게 느끼는데, 하리오의 특 성상 빠르게 추출하여 대체로 쓴맛이 추출되기 전에 끝나므로 쓴맛이 적은 아이스커피를 만들기에 유리하다.

하리오V60 핸드드립 추출은 변수 통제가 용이하다는 장점도 있다. 유명 바리스타들의 레시피를 보면 원하는 커피 맛과 특징에 따라 푸어오버식 드 립과 정드립 방식을 사용할 것을 권장하고 있다. 수온, 추출 방법, 시간, 용량 등의 부분 에서도 테크닉을 바로 익혀 스페셜티 커피 추출용 드리퍼로 바로 사용해야 한다.

구 분		내 용
푸어오버식	뜸들이기 후 한 번에 드립	• 부드럽고 깔끔한 맛의 커피 추출 • 드립 물줄기를 가늘게 해 과소 추출 변수를 통제
정드립	뜸들이기 후 세 번에 나눠 드립	• 바디와 쓴맛이 상승하며 밸런스가 좋은 커피 추출 • 20초 간격으로 물줄기를 조절하며 드립

- 하리오V60 드리퍼 / 종이 필터
- 드립 포트, 서버, 잔, 저울, 타이머
- 원두 로스팅 포인트 : 라이트, 미디엄
- 원두 분쇄도 : 0.7~1.0mm
- 원두 양 : 20g(2잔 기준)
- 온수량 : 290㎖
- 물 온도 : 88~96℃
- 총 추출량 : 240㎖(2잔 기준)
- 총 추출 시간 : 약 2분 30초

❶ 종이 필터 접기

- 종이 필터의 모서리 부분을 접는다.
- 필터를 드리퍼에 넣었을 때 잘 밀착될 수 있도록 접합 부분을 접는다.

❷ 드리퍼에 필터 넣기

- 종이 필터의 안쪽을 벌려 드리퍼에 넣는다.

❸ 필터 린싱하기

- 뜨거운 물로 종이 필터를 헹군다.
- 종이 필터 전체 면이 린싱될 수 있도록 위아래로 회전시키면서 드립한다.

❹ 린싱 물 버리기

- 서버에 담겨진 린싱 물을 잘 흔들어준 후 버린다.

5 드리퍼에 커피 가루 담기

· 원두를 핸드드립용 분쇄도에 맞춰 그라인딩한 후 필터가 세팅된 드리퍼에 담는다.

6 커피 가루 수평 고르기

· 드리퍼를 들어올린 후 흔들거나 톡톡 가볍게 치면서 커피 가루가 평평해지도록 고른다.

7 뜸들이는 물 붓기

· 온수량 : 20~30㎖

· 종이 필터에 닿지 않도록 하면서 가는 물줄기로 2/3 이상 적셔지도록 드립한다.

8 뜸들이기

· 시간 : 30~40초

· 커피 가루가 충분히 부풀어 오르고 표면이 갈라지면서 이산화탄소가 배출될 때까지 뜸을 들인다.

9 1차 추출하기 : 온수량 : 120㎖

· 물줄기를 가늘게 해서 안에서 밖으로 원을 그리면서 천천히 드립한다.

10 2차 추출하기 : 온수량 : 100㎖

· 중간 물줄기로 안에서 밖으로 원을 그리면서 천천히 드립한다.

11 3차 추출하기 : 온수량 : 50~80㎖

· 굵은 물줄기로 안에서 밖으로 원을 그리면서 빠르게 드립한다.

3 칼리타 웨이브 핸드드립 추출하기

KATE 칼리타웨이브

동영상 보면서
실습하기

멜리타의 영향에서 벗어나고 칼리타 클래식이 가진 여러 단점을 해결하기 위해 칼리타사에서 새로 만든 드리퍼이다. 원추형의 깔때기에 밑면이 평평하고 안쪽에 가로로 많은 주름이 있는데 물 배출 속도를 일정하게 맞춰주는 역할을 한다. 전용 필터는 세로로 구불구불한 주름이 접힌 특이한 모습을 하고 있으며 추출구는 3구이다.

이 드리퍼의 특징은 초보자라도 누구나 쉽게 훌륭한 결과물을 얻을 수 있다는 것이다. 칼리타 드리퍼는 바리스타의 물줄기 조절에 상당한 영향을 받았지만 웨이브의 경우에는 필터의 주름을 통해 드리퍼 벽면으로 흘러내리는 물을 최소함으로 결과물이 비교적 일정한 수준으로 유지될 수 있도록 설계되어 있다. 또한 칼리타 웨이브 필터에는 20개의 세로로 된 주름이 있는데 독특한 모양의 주름이 '미분'을 걸러내 쓴맛을 최소화하면서 밸런스 있는 커피를 만들어 준다.

웨이브 존(Wave Zone) : 드리퍼 바닥의 평평한 부분에 있는 Y자 돌기로 인하여 드리퍼와 필터 사이에 간격이 생기는 공간을 말한다. 때문에 필터를 통과한 커피가 서버로 바로 빠져나가지 않고 웨이브 존에서 잠시 머무르면서 서로 섞인 후 나가게 된다. 이러한 현상은 2가지 장점을 가져온다. 첫째, 웨이브 존에 고여 있는 동안 커피 성분이 추출되는 시간도 늘어나 과소 추출을 방지한다. 둘째, 추출 과정에서 물이 한쪽으로 치우치지 않고 원두 가루에 골고루 스며들게 하여 맛의 편차를 줄여준다. 따라서 효과적이며 안정적인 커피 추출이 이루어진다. 이러한 특징으로 현재 클레버, 하리오와 함께 스페셜 티 카페에서 상당히 유행하는 드리퍼이기도 하다. 서양권에서는 칼리타 클래식보다 더 대중화되었기 때문에 칼리타라고 말하면 이 웨이브를 뜻하는 경우가 대다수다.

드리퍼의 재질은 총 3가지로 스테인리스, 세라믹, 글라스(내열 유리)가 있으며 제품의 재질과 모델명에 따라 드리퍼의 디자인은 조금씩 다르다. 드리퍼의 사이즈는 일반적으로 1~2인용, 2~4인용이 있다.

구 분	내 용	
칼리타 웨이브 155	1~2인용	전용 종이 필터 #155
칼리타 웨이브 185	2~4인용	전용 종이 필터 #185

칼리타 웨이브 185 드리퍼를 이용한 핸드드립은 푸어오버 방식을 사용한다. 푸어오버 방식이라는 게 막드립에 가까운 형태이므로 신입 직원이라도 깔끔하고 부드러우면서 균일한 커피를 추출할 수 있게 해준다.

하지만 보다 진한 커피를 추출하고 싶다면 물의 양을 전체적으로 줄이고 정드립 방식처럼 물줄기를 얇게 그리고 천천히 3번에 나눠 추출하면 된다. 진하게 추출하여 가수(加水)하거나 얼음을 추가하여 드립 아이스로도 음용이 가능하다.

구 분	내 용		
깔끔하고 부드러운 커피 추출	• 원두량 : 20g • 물량 : 300㎖ • 추출 시간 : 2분 30초	• 1차 추출 : 120㎖ 푸어오버 • 2차 추출 : 80㎖ 푸어오버 • 3차 추출 : 60㎖ 푸어오버	
진하고 바디감 있는 커피 추출	• 원두량 : 20g • 총 추출량 : 160㎖ • 추출 시간 : 2분 30초	• 1차 추출 : 40㎖ 정드립 • 2차 추출 : 80㎖ 정드립 • 3차 추출 : 40㎖ 정드립	

| 내열 유리 | 세라믹 | 메탈 |

- 칼리타 웨이브 스테인리스 드리퍼185
- 칼리타 웨이브 전용 필터 185
- 드립 포트, 서버, 잔, 저울, 타이머
- 원두 로스팅 포인트 : 미디엄
- 원두 분쇄도 : 0.7~1.0mm
- 원두 가루 : 20g(2인분 기준)
- 물 온도 : 88~96℃, 300㎖
- 총 추출 커피 : 240㎖(2인분 기준)
- 총 추출 시간 : 약 2분 30초

① 필터 넣기

- '칼리타 웨이브 전용 필터 185'를 주름에 영향을 주지 않도록 필터 뭉치의 뒤쪽에서 조심스럽게 한 장을 꺼낸 후 드리퍼에 넣는다.

② 필터 린싱하기

- 필터의 주름이 펴지는 것을 방지하기 위해 중간 부분 이하로만 린싱 물을 드립한다.

③ 커피 가루 담기

- 원두를 핸드드립용 분쇄도에 맞춰 그라인딩한 후 필터가 세팅된 드리퍼에 담는다.

④ 커피 가루 수평 고르기

- 드리퍼를 들어올린 후 흔들거나 톡톡 가볍게 치면서 커피 가루가 평평해지도록 고른다.

⑤ 뜸들이는 물 붓기

· 온수량 : 40㎖

· 온수가 커피 가루에 골고루 전체적으로 적셔지도록 푸어오버식으로 드립한다.

⑥ 뜸들이기 : 약 40초

· 커피 가루가 충분히 부풀어 오르고 표면이 갈라지면서 이산화탄소가 배출될 때까지 뜸을 들인다.

⑦ 1차 추출하기 : 온수량 : 120㎖

· 푸어오버식으로 커피 가루에 물이 골고루 잘 스며들도록 드립한다.

⑧ 2차 추출하기 : 온수량 : 80㎖

· 굵은 물줄기로 원을 그리면서 푸어오버식으로 전체적으로 드립한다.

⑨ 3차 추출하기 : 온수량 : 60㎖

· 가운데 부분이 가라앉고 추출하는 물줄기가 가늘어지면 드립한다.

⑩ 추출 완료하기

· 총 추출량 : 240㎖

· 총 추출 시간 : 2분 30초

⑪ 드리퍼 분리하기

· 커피 추출이 완료된 드리퍼를 서버에서 분리한다.

⑫ 잔에 따르기

· 커피가 담긴 서버를 5회 정도 회전하면서 흔들어 커피를 섞은 후 준비된 잔에 커피를 따른다.

4 융드립(Nel Drip) 추출하기

융드립(플라넬 드립)은 직물의 종류인 플라넬(Flannel) 필터 드립 세트를 이용해 핸드드립 커피를 추출하는 것을 말한다. 1800년대 튀르키예식 체즈베 커피의 미분을 걸러서 마시기 위해 프랑스에서 처음 시작되었으며 이것이 지금 핸드드립의 시초라고 할 수 있다.

융드립은 핸드드립 중 가장 뛰어난 맛과 완벽한 추출물을 표현해 낸다는 점에서 많은 마니아 층을 형성하고 있는 추출법이다.

융드립 커피가 맛있는 이유는 커피의 바디감을 구성하는 원두의 지방 성분이 페이퍼 필터에서는 흡착되거나 통과하지 못하는 반면 융은 상대적으로 커피의 유분 성분이 쉽게 통과할 수 있고 불필요한 잡맛을 걸러 주기 때문에 깔끔하면서도 원두가 가진 진한 향미를 느낄 수 있다. 또한 융의 특성상 커피분의 팽창이 자유로워 획일화되지 않은 개성 있는 맛있는 커피를 추출할 수 있다.

하지만 융을 관리하기가 번거로울 뿐더러 추출하는 데도 상당히 숙련된 경험과 테크닉이 필요하기 때문에 융드립을 전문으로 하는 카페가 많지는 않다.

면 소재 융은 여러 번 사용하기 때문에 사용한 다음 철저하게 관리하지 않으면 천 자체에 커피 찌꺼기나 이외의 냄새가 배어 사용할 수 없게 된다. 플라넬 필터를 사용할 때는 매번 세심하게 세척을 해서 정수에 담아 보관하는데 정수를 자주 교체해야 한다. 혹은 천을 꼭 짜서 밀봉한 다음 냉장고에 보관하기도 한다. 햇빛에 바짝 말리는 방법도 있지만 이 방법은 천이 빨리 손상되는 단점이 있다. 50회 이상 최대 100회 정도까지 사용할 수 있다.

- 원두의 본쇄도는 핸드드립에 비해 조금 더 굵게
- 원두의 양도 조금 더 많이
- 뜸들이는 속도는 길면서 천천히
- 핸드드립은 점 드립을 사용하여 아주 천천히
- 약배전보다는 강배전 원두가 더 진하고 풍부한 맛을 끌어냄
- 기모가 있는 쪽을 바깥으로 향하게 사용

넬(융)드립과 페이퍼드립은 맛에서 큰 차이를 보이는데, 넬(융)드립은 페이퍼드립에 비해 부드럽고 걸쭉한 반면, 페이퍼드립은 깔끔하고 산뜻한 느낌을 준다.

구 분	내 용	
넬(융)드립	부드럽고 걸쭉한 느낌	커피 오일이 필터를 통과함
페이퍼드립	깔끔하고 산뜻한 느낌	커피 오일이 필터에 걸러짐

이러한 차이를 보이는 원인은 필터지의 재질 차이 때문인데, 융(천의 일종)은 커피 오일이 그대로 잔속으로 다량 추출되지만 종이 필터는 커피 오일이 필터에 흡수되어 거의 추출되지 않아 입안에서 감도는 커피의 느낌이 확연히 구분이 된다.

- 융드립 세트(하리오)
- 전용 드립 서버, 잔
- 드립 포트, 저울, 타이머
- 원두 로스팅 포인트 : 미디엄
- 원두 커피 양 : 20g(2인분 기준)
- 원두 분쇄도 : 0.7~1.0mm
- 물 온도 : 88~96℃

❶ 융 필터 서버에 올리고 린싱하기

- 뜨거운 물로 융 필터를 충분하게 헹궈준다.
- 필터에 남아 있는 천 냄새와 커피 찌꺼기를 제거해 주는 효과가 있다.

❷ 린싱 물 버리기

- 린싱 물이 전부 서버로 떨어지면 융드립 세트를 분리한다.

❸ 커피 가루 담기

- 원두를 융드립용 분쇄도에 맞춰 그라인딩한 후 융 드립 세트에 담는다.

❹ 커피 가루 고르기

- 가는 핀으로 커피 가루를 섞으면서 고르기를 한다.

❺ 커피 가루 수평 고르기

- 융드립 세트를 들어올린 후 흔들면서 커피 가루가 평평해지도록 고른다.

6 뜸들이는 물 붓기 : 온수 : 30~40㎖

- 커피 가루에 골고루 물이 적셔지도록 안에서 밖으로 돌리면서 천천히 드립한다.

7 뜸들이기

- 뜸들이는 시간 : 40초
- 커피 가루가 부풀어 오르고 이산화탄소가 분출될 때까지 기다린다.
- 커피 성분이 용해되는 과정이다.

8 1차 추출하기 : 온수량 : 80㎖

- 가는 물줄기로 안에서 밖으로 돌려가며 천천히 드립한다.

9 2차 추출하기 : 온수량 : 60㎖

- 중간 물줄기로 커피가 잘 섞이도록 안에서 밖으로 돌려가며 드립한다.

10 3차 추출하기 : 온수량 : 20~30㎖

- 중간 물줄기로 커피가 잘 섞이도록 안에서 밖으로 돌려가며 드립한다.

11 융드립 세트 꺼내기

- 커피가 전부 잔으로 떨어지면 융드립 세트를 서버에서 분리하여 커피 추출을 마친다.

12 잔에 따르기

- 서버로 추출이 완료된 커피를 4~5회 정도 흔들어 섞은 후 잔에 따른다.

5 콘드립(Cone Drip) 추출하기

KATE 콘드립

동영상 보면서 실습하기

콘드립 – 필터형   콘드립 – 드리퍼형

융드립 커피의 맛과 향을 즐기고 싶지만 필터 관리가 번거롭다면 '콘드립(Cone drip)'을 선택할 수 있다.

콘 필터는 금속 재질(스테인리스 스틸이나 티타늄 등)의 필터로, 융이나 종이처럼 특별한 관리가 필요하지 않으면서도 종이 필터와는 다르게 유분(기름)이 완전히 걸러지지 않으며 미세하게 커피 가루(미분)와 커피 오일이 같이 추출된다. 따라서 융드립으로 내린 커피의 풍부한 바디감과 원두가 가진 개성을 맛볼 수 있다. 반면 종이 필터에 비해 미분이 덜 걸러지고 쓴맛이 조금 더 강하다.

최근 커피 애호가들 사이에서 인기를 얻고 있는 콘 필터는 스테인리스 스틸이나 티타늄 등의 금속 재질로 보관이나 관리가 쉽고 반영구적으로 사용할 수 있다.

콘 드리퍼는 그냥 버리면 되는 종이 필터와는 다르게 청소를 해줘야 한다. 물로 잘 흔들면서 세척한 후 통풍이 잘 되도록 말려두면 된다.

처음 선보였을 때는 추출구(또는 홀)를 통해 미세한 커피 입자가 많이 흘러나오기도 했지만 시간을 거듭하며 발전되어 최근 출시된 제품들에서는 그러한 단점이 많이 보완됐다. 특히 이 필터의 추출구는 필터 전체에 나누어져 있어 종이 필터에 비해서 물길에 대한 고민을 조금 덜 해도 된다는 장점이 있다.

콘드립의 드립 방식은 정드립보다 더 가는 물줄기로 드립하는 점드립 방식을 사용하는 것이 좋다. 커피 미분이 덜 내려오도록 추출할 수 있기 때문이다.

- 콘 드리퍼(스테인리스 소재)
- 서버, 드립 포트, 잔, 저울, 타이머
- 원두 로스팅 포인트 : 미디엄
- 원두 분쇄도 : 0.3~0.5mm
- 원두 커피양 : 20g(2잔 기준)
- 물 온도 : 88~95℃
- 온수량 : 300㎖
- 총 추출량 : 240㎖
- 총 추출 시간 : 약 2분 30초

❶ 콘 드리퍼 린싱하기

- 뜨거운 물로 콘 드리퍼를 헹궈준다.
- 드리퍼를 예열하고 커피 찌꺼기를 제거해주는 과정이다.
- 린싱 물이 전부 아래로 떨어질 때까지 기다린다.

❷ 린싱 물 버리기

- 서버에 담긴 린싱 물을 잘 흔들어 헹군 후 버린다.

❸ 커피 가루 담기 : 20g

- 원두를 콘드립용 분쇄도에 맞춰 그라인딩한 후 융드립 세트에 담는다.

❹ 커피 가루 수평 고르기

- 콘 드리퍼를 들어올린 후 흔들면서 커피 가루가 평평해지도록 고른다.
- 온수 드립 시 물이 고르게 흡수되고 커피의 밀도가 균일해져 커피 성분이 일정하게 추출되도록 하는 과정이다.

⑤ 뜸들이는 물 붓기 : 40㎖

- 커피 가루에 골고루 물이 적셔지도록 안에서 밖으로 회전시키면서 드립한다.

⑥ 뜸들이기

- 뜸들이는 시간 : 50초
- 커피 가루가 부풀어 오르고 이산화탄소가 분출될 때까지 기다린다.
- 커피 성분이 용해되는 과정이다.

⑦ 커피 추출하기

- 온수량 : 260㎖
- 가는 물줄기로 물과 커피가 잘 섞이도록 안에서 밖으로 천천히 돌려가며 한 번에 드립한다.
- 푸어오버식으로 드립한다.
- 총 추출 시간 : 2분 30초

⑧ 콘 필터 분리하기

- 커피가 전부 서버로 떨어지면 콘 드리퍼를 분리하여 커피 추출을 마친다.

⑨ 잔에 따르기

- 추출이 완료되면 미분이 가라앉도록 잠시 기다린다. 미분이 섞여 나오지 않도록 조심스럽게 천천히 잔에 따른다.
- 커피를 마실 때도 잔에 가라앉은 미분이 섞이지 않도록 조심하면서 마신다.

6 케멕스(Chemex) 추출하기

KATE 케멕스

**동영상 보면서
실습하기**

케멕스(Chemex) 커피메이커는 필터에 분쇄된 원두를 담아 올리고 물을 붓는 부분과 추출된 커피가 담기는 부분이 하나의 유리로 만들어지고, 가운데 손잡이가 있는 제품이다. 1941년 독일의 화학자 피터 쉴럼봄(Dr. Peter Schlumbohm)이 실험 도구나 의료 기구를 만드는 붕규산 유리 파이렉스(Pyfex)를 사용하여 만들었는데, 내열성과 화학적 안정성이 뛰어나다. MOMA(뉴욕 현대 미술관)를 비롯한 세계 유명 박물관에 영구 전시될 만큼 유려하고 아름다운 디자인을 가지고 있다.

케멕스는 The Classic Series, The Handblown Series, The Glass Handle Series가 나와 있다.

- **에어 채널(Air Channel)** : 리브(Rib) 겸 가스 배출구
- **손잡이** : 나무 목걸이 & 가죽 끈(클레식 시리즈) / 글라스 핸들 - 뜨거운 본체를 잡을 수 있도록 해줌
- **볼 또는 버튼** : 동그랗게 볼록 튀어나와 있는 볼, 용량 확인용, 최대 추출의 절반량.
- **하부 디자인** : 와인 디켄더 구조, 커피 추출 후 좋은 향들을 가둬주는 역할

케멕스는 에어 채널이라 불리는 단 하나의 리브 겸 배출구가 있다. 드리퍼의 다른 부분에서는 필터와 드리퍼가 완전히 밀착하여 외부 공기는 차단된다. 따라서 분쇄 원두 내부의 공기는 하나의 통로로 빠져 나감으로써 하단부에는 오직 순수한 커피만이 온전한 향을 간직한 채 보관된다.

다른 핸드드립 도구에 비해 두꺼운 필터를 사용해 깔끔한 맛을 살리는 것이 특징이다. 뛰어난 기능과 세련된 디자인으로 사랑받는 케멕스는 겉으로는 심플해 보여도 오랜 연구와 실험을 거쳐 탄생한 과학적인 커피 도구다.

일반 핸드드립 도구와 달리 드리퍼와 드립 서버가 일체형이기 때문에 사용 및 보관이 쉽다는 장점이 있다.

| 반달형 화이트 필터 | 원형 화이트 필터 | 사각 화이트 필터 | 사각 브라운 필터 |
| FP-2 | FC-100 | FS-100 | FSU-100 |

- 첫째, 필터 접기 : 케멕스용 필터는 일반 종이 필터와는 달리 직접 접어 본체에 장착한다. 미세한 성분까지 걸러내기 때문에 원두 본연의 깔끔한 맛과 향을 즐길 수 있다.
- 둘째, 린싱하기 : 린싱(Rinsing)이란, 추출 전 물로 필터를 헹궈내 필터의 잔맛을 제거하는 중요한 작업이다. 케멕스 전용 필터는 일반 필터에 비해 두껍기 때문에 린싱이 필수로 진행된다.

- 셋째, 원두 준비 및 추출하기 : 원두는 핸드드립 굵기인 '중간 굵기'로 준비한다. 적당량을 추출할 때까지 서두르지 말고 몇 차례에 나누어 물을 부어준다. 케멕스는 추출되는 물의 양과 상관없이 거의 일정한 추출 시간을 유지할 수 있어 누구나 쉽게 추출이 가능하다.
- 넷째, 기다리기 : 필터를 제거하는 시간까지 총 3분 30초 ~ 4분을 넘지 않도록 한다.

- 케멕스 CM-8C (8컵)
- 케멕스 사각 브라운 필터
- 드립 포트, 잔, 저울, 타이머
- 원두 로스팅 포인트 : 미디엄
- 원두 분쇄도 : 0.5~0.7mm
- 원두 커피 양 : 30g
- 물 온도 : 88~95℃

1 필터 넣기

- 4면으로 접힌 케멕스 필터 1면의 사이를 벌린다.
- 세 겹으로 접힌 부분이 에어 채널 쪽을 향하게 본체에 넣어 세팅한다.
- 추출 도중에 필터가 내려앉지 않으며 가스 배출구(에어 채널 통로)가 확보되는 효과가 있다.

2 종이 필터 린싱하기

- 종이 필터 전체 면이 린싱될 수 있도록 위 아래로 회전시키면서 드립한다.
- 종이 필터의 특이한 향(냄새)을 제거해주며 케멕스 본체를 예열시켜 주는 효과가 있다.

3 린싱 물 버리기

- 린싱 물이 전부 아래 부분으로 떨어지면 잘 흔들어 헹군 후 에어 채널을 통해 버린다.

④ **커피 가루 담기 : 30g**

· 원두를 그라인딩한 후 필터가 세팅된 케멕스에 담는다.

⑤ **커피 가루 수평 고르기**

· 케멕스 본체를 들어올린 후 흔들거나 톡톡 가볍게 치면서 커피 가루가 평평해지도록 고른다.

· 커피 가루에 온수 드립 시 물이 고르게 적셔질 수 있도록 하는 과정이다.

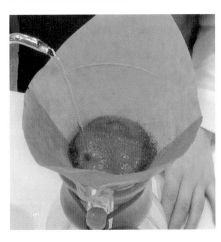

⑥ **뜸들이는 물 붓기**

· 온수량 : 60㎖

· 커피 가루에 골고루 물이 적셔지도록 드립 포트를 돌려가며 드립한다.

⑦ **뜸들이기**

· 뜸들이는 시간 : 30초

· 커피 가루가 부풀어 오르고 이산화탄소가 분출될 때까지 뜸들이기를 한다.

· 커피 성분이 용해되는 과정이다.

⑧ **1차 추출하기 : 200㎖(온수량)**

· 푸어오버식으로 커피 가루에 물이 골고루 적셔지도록 원을 그리면서 굵은 물줄기로 낙차도 크게 하면서 빠르게 드립한다.

⑨ **2차 추출하기 : 240㎖(온수량)**

· 1차 추출 커피가 90% 이상 아래로 추출이 완료되면 2차 추출을 한다.

⑩ **추출 완료하기**

- 커피가 전부 떨어질 때까지 기다려 추출을 완료 한다.
- 케멕스 필터가 미분을 거의 걸러주므로 매끄러운 감촉의 커피가 추출된다.

⑪ **필터 꺼내기**

- 필터의 양쪽 끝을 모아잡고 본체에서 필터를 꺼 낸다.

⑫ **디캔딩하기**

- 본체를 5회 정도 돌리며 디캔딩한다.
- 디캔딩을 통해 커피에 있는 잔여 가스를 배출시 켜 주고 커피가 잘 섞이도록 하여 떫은맛을 감 소시키고 부드러운 맛의 커피를 즐길 수 있게 해 준다.

⑬ **커피 따르기**

- 에어 채널을 통해 커피를 따른다.
- 각자의 기호에 따라 가수하여 커피 농도를 조절 한 후 마신다.

7 콜드브루(Cold Brew) 추출하기

KATE 콜드브루

동영상 보면서 실습하기

1 콜드브루(더치커피)란?

콜드브루 커피는 분쇄한 원두를 상온이나 차가운 물에 장시간 우려내 쓴맛이 덜하고 부드러운 풍미를 느낄 수 있는 커피를 말한다.

차갑다는 뜻의 '콜드(Cold)'와 끓이다, 우려내다는 뜻의 '브루(Brew)'의 합성어로 더치커피(Dutch Coffee)라고도 한다. 더치커피는 네덜란드풍(Dutch)의 커피라 하여 붙여진 일본식 명칭으로 일반적으로 동양권에서 사용하며, 서구권에서는 콜드브루 또는 워터드립(Water Drip)이라고 부른다.

통에 가득한 물이 한 방울씩 천천히 커피 가루 위로 떨어지면서 추출이 진행되는 콜드브루는 '커피의 눈물'이라는 별칭을 갖고 있다.

2 콜드브루(더치커피) 추출 방식

추출 방식은 전용 기구에 분쇄한 원두를 넣고 찬물 또는 상온의 물에 짧게는 3~4시간, 길게는 8~12시간 정도 우려내 커피 원액을 추출한다. 추출하는 방식에 따라 점적식

(點滴式)과 침출식(浸出式)으로 구분한다. 점적식은 용기에서 우려낸 커피를 한 방울씩 떨어지게 하는 방식으로, 이 때문에 콜드브루(더치커피)를 '커피의 눈물'이라 부르기도 한다. 침출식은 용기에 분쇄한 원두와 물을 넣고 10~12시간 정도 실온에서 숙성시킨 뒤 찌꺼기를 걸러내 원액을 추출하는 방식이다.

추출된 커피 원액은 밀봉해서 냉장 보관하는데, 하루 이틀 정도 저온 숙성하면 풍미가 더 살아나 와인과 같은 숙성된 맛을 느낄 수 있다.

- NUBO 워터드립기
- 종이 필터(에어로프레스 필터)
- 드립 포트, 잔, 저울, 타이머
- 원두 로스팅 포인트 : 미디엄
- 원두 분쇄도 : 0.5~0.7mm
- 원두 가루 : 50g
- 물 : 500㎖

❶ 필터 넣기1

- 종이 필터를 드리퍼 바닥에 넣는다.
- 종이 필터는 에어로프레스용을 사용한다.
- 실리콘, 세라믹 필터 사용도 가능하다.

❷ 커피 가루 드리퍼에 넣기 : 50g

- 커피 가루를 계량스푼을 이용해 드리퍼에 넣는다.

❸ 커피 가루 수평 고르기

- 원두 커피 가루가 담긴 드리퍼를 들어올린 후 흔 들면서 수평을 맞춘다.

❹ 커피 가루 위쪽으로 종이 필터 넣기

- 원두 커피 가루가 담긴 드리퍼의 위쪽에 종이 필 터를 올려준다. 물이 골고루 스며들도록 하기 위 한 것이다.

⑤ 워터 바스켓 결합하기

· 본체에 물을 담는 바스켓을 결합한다.

⑥ 물 담기

· 워터 바스켓에 차가운 물을 담는다.
· 물 양 : 500㎖

⑦ 뚜껑 닫기

· 워터 바스켓의 뚜껑을 닫는다.

⑧ 준비 완료, 추출 시작

· 준비가 완료된 상태로 콜드브루 드립 세트가 스스로 긴 시간 동안 추출을 한다.
· 통풍이 잘 되며 시원한 곳에 드립 세트의 자리를 잡아준다.

⑨ 점적식으로 진행

· 한 방울 한 방울, 물이 떨어지면서 드리퍼 안의 커피 가루에 스며들고 있다.

⑩ 추출이 완료될 때까지 기다리기

· 커피가 전부 떨어져 추출이 완료될 때까지 기다려 추출을 완료한다.
· 추출 시간 : 약 6~9시간

커피 브루잉 마스터
Coffee Brewing Master

COFFEE

Chapter 03

침출식·가압식
커피 브루잉 실습

1. 체즈베 추출하기

2. 프렌치프레스 추출하기

3. 사이폰 추출하기

4. 클레버 추출하기

5. 모카포트 추출하기

6. 에어로프레스 추출하기

Coffee Brewing Master
커피 브루잉 마스터

1 체즈베(Cezve) 추출하기

KATE 체즈베

동영상 보면서
실습하기

1 튀르키예식 커피의 특징

튀르키예식 커피(Türkiye Coffee)는 체즈베(Cezve)라는 기구를 이용한다. 미세하게 갈린 커피 가루를 물과 함께 체즈베에 넣은 다음 반복적으로 끓여내는 방식이다. 약재를 달이는 것과 유사한 방식으로, 세계에서 가장 오래된 추출법이자 원초적인 추출법이라고 할 수 있다. 포트는 주로 전도율이 높은 동 재질로 제작된다

추출이 끝난 후 커피 가루를 바닥에 가라앉힌 뒤, 위쪽의 맑은 커피만 따라 먹는 것이 때로는 귀찮지만, 체즈베만의 번거로운 즐거움이라고 할 수 있다. 튀르키예에서는 남은 커피 가루의 모양을 보고 점을 치기도 한다.

② 체즈베 추출 방법

커피 가루의 입자는 에스프레소용이나 그보다 미세한 굵기로 분쇄한다.

체즈베 포트에 커피 가루(20g)와 물(120㎖), 설탕(15g)을 함께 넣고 젓는다. 커피 가루가 뭉치지 않도록 골고루 섞어주는 것이 중요하다.

커피가 끓어오르면서 거품이 발생하기 시작하면 너무 끓어올라 넘치지 않도록 잠시 불에서 분리하여 5~10초 정도 식힌 뒤 다시 불 위로 올려서 끓인다. 이 동작을 3~5회 정도 반복하게 되는데 이 횟수에 따라 커피의 향미가 진해지므로 자신의 기호에 맞춰 횟수를 조절한다.

끓어오른 거품이 포트의 입구 둘레에 들러붙어 타게 되면 쓴맛을 낼 수 있으므로 커피 상태를 주시하면서 신속하게 불에서 분리한 후 식혀서 거품이 넘치지 않도록 한다.

끓이는 과정이 끝나면 잠시 바닥에 두어 커피 원두를 바닥에 가라앉히고 맑은 부분만 잔에 따라낸다.

③ 체즈베 추출 커피의 맛과 향미

상당히 진하고 묵직한 맛을 즐길 수 있는 체즈베의 매력은 다양한 재료를 첨가하는 것에 있다. 그래서 체즈베(이브릭)를 카페라떼나 카페모카 같은 베리에이션과 블렌딩의 시초라고 하기도 한다. 특히 체즈베 특유의 쓴맛을 중화하기 위해 커피 가루, 물과 함께 설탕을 넣는 게 일반적인 레시피라고 할 수 있다. 그 밖에 나라에 따라서 설탕 외에도 향신료 등을 넣어 색다른 커피를 즐기기도 한다.

이브릭과 체즈베를 구분없이 사용하기도 하지만 엄밀히 말하면 서로 다른 기기이다. 그리스에서 'briki'라고도 하는데, 영어권에서는 여기서 온 'Ibrik'이라는 이름이 더 흔하게 쓰이고 있다. 하지만 체즈베로 호칭하는 것이 옳다.

📷 Cezve

- 뚜껑이 없음, 손잡이가 김
- 커피를 끓이는 기구 용도로 사용
- Cezve는 아라비아어에서 유래, '불타는 장작'이라는 뜻
- 영어권에서는 '이브릭(Ibrik)' 이라고 호칭

📷 Ibriq

- 뚜껑이 있음, 손잡이가 짧음
- 주로 커피 등 음료를 담아 보관하거나 따르는 용도로 사용

- 체즈베, 열원(가스버너 등)
- 계량스푼, 잔, 스틱(바스푼)
- 원두 로스팅 포인트 : 미디엄
- 원두 분쇄도 : 2(0.1~0.3mm)
- 에스프레소용보다 더 미세한 굵기
- 커피 가루 : 20g
- 설탕 : 15g
- 물 : 120㎖

① **체즈베에 재료 담기**

- 체즈베를 저울에 올리고 필요한 재료를 계량하여 담는다.
- 커피 가루 : 20g
- 설탕 : 15g(취향에 맞춰 양 조절)

② **체즈베에 물 붓기**

- 커피 가루와 설탕이 담긴 체즈베에 물을 계량하여 담는다.
- 물 : 120㎖

③ **재료 섞어주기**

- 바스푼으로 체즈베에 담긴 재료들이 물에 잘 풀어지도록 충분하게 잘 섞어준다.

4 열원에 불 붙이기

- 준비된 가스버너에 불을 붙인다.

5 열원(버너)에 올리고 끓이기

- 튀르키예식(침출달임식) 커피의 재료가 담긴 체즈베를 버너에 올리고 끓이기 시작한다.

6 1차~5차 버너에서 내려 식히기

- 1차로 체즈베에 담긴 커피가 끓으면서 거품이 차 오르면 넘치기 바로 직전에 버너에서 내려 분리한다.
- 5~10초 동안 기다리면서 끓어오른 거품이 가라앉기를 기다린다.
- 다시 버너에 올려 끓인다.
- 끓이기를 반복하는 횟수에 따라 커피의 향미가 진해지므로 자신의 기호에 맞춰 횟수를 조절할 수 있다.

7 잔에 따르기

- 끓으면서 생긴 거품과 커피 미분이 가라앉을 동안 잠시 기다린 후 가라앉은 미분이 덜 섞여 나오도록 조심하면서 커피를 잔에 따른다.

8 체즈베 커피 즐기기

- 잔에 따른 후, 미분이 가라앉기를 기다린 후 천천히 커피를 마신다.

2 프렌치프레스(French Press) 추출하기

동영상 보면서
실습하기

1 프렌치프레스(French Press)란?

튀르키예 커피를 마시던 프랑스인들은 18세기 초엽부터 커피를 주전사에서 끓이지 않고 거칠게 빻은 커피 가루를 담은 주전자에 끓는 물을 붓고 우려내어 대강 가루를 가라앉힌 다음 천천히 따라서 마셨다. 이후 치즈 클로스나 실크 스타킹을 써서 걸러 마시는 방법이 고안되었는데, 이것이 발전하여 프렌치 프레스가 되었다.

프렌치프레스는 덴마크 보덤사(주방 기구 회사)에서 개발한 후 유럽 전역으로 퍼졌으며 비커와 거름망이 달린 뚜껑으로 구성되어 있다. 프렌치프레스라는 이름은 보덤의 상표이므로 유사 제품의 경우 '커피메이커', '티메이커', '카페프레스', '커피프레스' 등의 이름으로 불리기도 한다.

거칠기는 아메리카노와 드립 커피의 중간 정도의 느낌이다. 미립 가루 때문에 다소 탁해서 약간 튀르키예식 커피의 느낌도 가지고 있다. 바닥에 커피 가루가 많이 가라앉기 때문에 마지막 한모금은 마시지 않고 버리는 것이 좋다.

커피를 침출식으로 우려내는 추출 방식인 프렌치프레스(French Press)는 커피와 뜨거운 물을 섞은 전체 혼합액을 일정 시간을 두고 우려낸 다음 커피 찌꺼기를 프레스로 눌러내려 커피액만 따라내는 방식으로 추출한다. 일반 드립 방식의 커피보다 농밀한 깊은 커피 맛을 갖고 있으며 간편한 구조체여서 뜨거운 물만 있으면 어디서나 추출이 가능하다.

2 프렌치프레스 커피의 맛과 포트 구조

커피 전문가들도 애용하는 프렌치프레스는 종이 필터로 추출해 낸 드립식 커피보다 지방이나 콜로이드 성분이 상당히 많이 포함되어 이러한 성분들의 영향으로 커피는 바디감이 풍부해진다. 그래서 일부 커피 전문가들은 '커피를 씹어 마실 수 있다' 할 수 있을 만큼 풍미가 좋다고 평가하기도 한다.

프렌치프레스 포트의 구조는 가늘고 긴 원통 모양의 포트와 뚜껑 안쪽에 포트 사이즈에 딱 맞는 펌프처럼 생긴 가는 망으로 플런저 원판이 붙어 있다. 이러한 구조를 갖고 있어 커피 추출 외에 차를 우릴 때도 사용되며 카푸치노와 같은 거품이 올려져 있는 커피를 만들 때 우유 거품을 내는 용도로도 활용되고 있다.

3 장점

- **맛** : 에스프레소 대비 저온에서 천천히 추출되기 때문에 커피의 개성이 가장 잘 표현된다. 유분이 그대로 추출되어 바디감도 좋다.
- **간편성** : 프렌치프레스 본체 하나만 있으면 되므로 추출과 소지가 간편하다. 특별한 테크닉도 요구하지 않는다.
- **실용성** : 커피 외 차를 우려내는 용으로도 사용하며, 우유 거품을 만들 수도 있다.
- **경제성과 친환경성** : 일회용 필터를 사용하지 않으므로 장점이 있다.

④ 단점

- 잡맛이 많다.
- 찌꺼기(미분)가 남는다.
- 물과 접촉 시간이 길어지므로 카페인 함량이 매우 높다.
- 세척이 다소 귀찮다.
- 비커가 유리로 되어 있어서 잘 깨진다.

- 프렌치프레스
- 드립 포트, 잔, 스틱
- 원두 로스팅 포인트 : 미디엄
- 원두 분쇄도 : 10(1.0~1.2mm)
- 원두 커피 량 : 17g(1잔 기준)
- 물 온도 : 88~96℃
- 온수량 : 220㎖

① 뚜껑 분리하기

- 뚜껑(플런저, 거름망) 세트의 플런저 손잡이를 잡고 비커에서 빼내 분리한다.

② 비커 예열 및 린싱하기

- 뜨거운 물로 비커를 헹군다.

③ 예열 물 버리기

- 비커를 잘 흔들어준 후 예열 및 린싱 물을 버린다.

④ 커피 가루 담기

- 분쇄도 : 1.0~1.2mm
- 가루 커피 양 : 17g(1잔 기준)

⑤ 뜨거운 물 붓기

- 온수량 : 220㎖

⑥ 교반하기

- 스틱을 이용해 10회 정도 교반하여 충분하게 잘 섞어준다.

⑦ 1차 우려내기

- 뚜껑을 덮고 1차 우려내기를 한다.
- 우리는 시간 : 1분 30초
- 플런저 위치 : 맨 위

⑧ 2차 우려내기

- 플런저(거름망)를 눌러 절반만 내린 후 2차 우려내기를 한다.
- 우리는 시간 : 1분 30초
- 플런저 위치 : 중간 높이

⑨ 3차 우려내기 및 추출 완료하기

- 플런저를 맨 아래까지 닿도록 끝까지 눌러 내려 3차 우려내기를 한 후 추출을 완료한다.
- 우리는 시간 : 30초
- 플런저 위치 : 맨 아래
- 총 추출(우려내기) 시간 : 4분 이내

⑩ 잔에 따르기

- 비커에 가라앉아 있는 미분이 섞이지 않도록 조심하면서 작은 물줄기로 천천히 따른다.
- 미분이 섞여 나오게 되므로 비커 끝까지 따르면 안 된다.
- 잔에 따른 후에도 미분이 가라앉기를 기다린 후 천천히 커피를 마신다.

3 사이폰(Siphon) 추출하기

KATE 사이폰

동영상 보면서 실습하기

1 사이폰 커피 추출의 원리

물이 담긴 아래쪽 플라스크와 커피 가루가 있는 위쪽 플라스크를 밀착 연결한다. 물이 끓으면서 아래쪽 플라스크 내 압력이 커지고 압력에 밀려 물은 위쪽 플라스크로 이동하여 커피 가루와 접촉한다. 부글거리며 끓는 커피를 대나무 주걱이나 막대로 저어준다. 커피에 허연 거품이 일 때쯤 불을 끄면 아래쪽 플라스크의 기압이 내려가고, 커피는 아래쪽 플라스크로 이동한다. 즉, 사이폰은 하단 유리구에 압력이 차게 되면 물이 위로 빨려 올라가(진공 흡입) 커피 가루를 적시면서 커피가 추출되는 것이다. 완성되면 아래쪽 플라스크를 분리해 잔에 커피를 따르면 된다.

커피 가루의 분쇄도는 핸드드립과 프렌치프레스의 중간 굵기인 0.5mm 정도가 일반적이며, 분쇄도에 따

라 추출 정도가 달라지면서 맛 조절이 가능하다. 1~2인용 기준으로 물은 240㎖, 커피의 양은 24g 정도로 10:1의 비율이 일반적이다. 추출 시 온도차가 커지게 되면 향미를 제대로 즐길 수 없으므로 추출 전 뜨거운 물을 약간 부어 놓아 플라스크와 필터를 충분히 예열해준다.

2 사이폰 커피의 맛과 향

사이폰은 커피의 입자, 교반의 정도, 필터의 종류, 화력의 사용에 따라 아주 다양하게 커피를 추출할 수 있는 것이 특징이다 그래서 사이폰 대회도 쉽게 볼 수 있다.

또한 사이폰 커피는 우려내는 과정을 볼 수 있으며, 우려내는 동안 구수한 커피 향을 맡을 수 있다는 점이 매혹적이다. 이처럼 사이폰으로 추출한 커피는 무엇보다 향이 뛰어나 아로마 커피 추출법으로도 분류된다.

사이폰으로 끓이는 커피의 농도는 원두의 양, 물의 양, 추출 시간을 통해 쉽게 조절할 수 있다. 진하게 마시려면 추출 시간을 30초 늘리거나 원두 양을 늘린다. 그리고 물을 줄여도 커피가 진해진다.

- 하리오 사이폰(TCA-2)
- 하리오 사이폰 융 필터
- 알코올램프, 잔, 교반 스틱
- 원두 로스팅 포인트 : 미디엄
- 원두 분쇄도 : 0.2~0.5mm
- 원두 가루 양 : 30g
- 물 온도 : 100℃
- 온수량 : 360㎖

① 필터 세팅하기

- 로드에 들어 있는 필터의 체인을 당긴 다음 클립을 로드 끝에 걸쳐 고정되도록 끼운다.

② 필터 중심 위치 잡기

- 스틱을 사용해 필터가 중앙에 바르게 위치하도록 잡아준다.
- 커피 추출 시 커피 가루가 필터 사이에 생긴 틈 사이를 통해 플라스크로 내려가는 것을 방지한다.

③ 융 필터 린싱하기

- 로드 안쪽에 있는 융 필터를 린싱하기 위해 뜨거운 물을 드립한다.

④ 로드 분리하고 린싱 물 빼기

- 린싱 물이 전부 빠지면 로드를 플라스크에서 빼내어 뚜껑 겸 로드꽂이에 꽂아둔다.

⑤ 린싱 물 버리기

- 스탠드 손잡이를 잡고 플라스크에 있는 린싱 물을 버린다.

⑥ 플라스크에 뜨거운 물 채우기

- 온수량 : 360㎖
- 뜨거운 물을 플라스크 중앙에 있는 볼록한 볼 부분까지 채운다.

⑦ 알코올램프 작동시키기

- 알코올램프의 뚜껑을 열고 불을 붙인다.
- 불이 붙은 알코올램프를 플라스크 아래 중앙에 자리 잡도록 밀어 넣는다.

8 **커피 가루 넣기 : 원두 30g**

· 로스팅 포인트 : 미디엄

· 원두 분쇄도 : 2(0.3~0.5mm)

· 로드꽂이에 세워져 있는 로드에 분쇄된 커피 가루를 넣는다.

9 **커피 가루 수평 고르기**

· 로드를 들어올려 좌우로 흔들거나 가볍게 톡톡 두드려 로드에 담긴 커피 가루를 평평하게 고른다.

10 **플라스크에 로드 꽂기**

· 플라스크에 공기가 통하도록 로드를 비스듬하게 세워진 모양으로 꽂고 물이 끓을 때까지 기다린다.

11 **로드 똑바로 세워 꽂기**

· 플라스크의 물이 끓기 시작하면 로드를 똑바로 세워서 진공 상태가 되면 물이 위로 올라갈 수 있도록 한다.

⑫ **1차 교반하기**

· 플라스크의 물이 전부 로드로 올라오면 물 위에 뜬 상태로 있는 커피 가루를 스틱으로 10회 정도 잘 저어서 물과 섞어준다.

⑬ **알코올램프 중앙에서 빼주기**

· 1차 교반 후 플라스크의 온도를 낮춰주기 위해 알코올램프 불꽃이 올라가는 부분을 플라스크의 중앙에서 가장자리 부분으로 살짝 빼내준다.

⑭ **2차 교반하기**

· 약 10초 후 2차 교반을 5~6회 정도 천천히 해준다.

⑮ **알코올램프 끄고 커피 내리기**

· 약 10초 후 알코올램프 뚜껑을 닫아서 불을 끄고 밖으로 빼낸 후 커피가 플라스크로 전부 내려가면서 추출이 완료될 때까지 기다린다.

⑯ **로드와 플라스크 분리하기**

· 로드 안 융 필터 위에 남겨진 커피 찌꺼기 모양이 산처럼 되어 있다면 커피 추출이 잘된 것이다.

⑰ **커피 따르기**

· 플라스크를 흔들어 섞은 후 잔에 커피를 따른다.
· 사이폰 추출 커피는 처음에는 뜨거운 상태이므로 식힌 후 마시는 것이 좋다.

4 클레버(Clever) 추출하기

KATE 클레버

동영상 보면서
실습하기

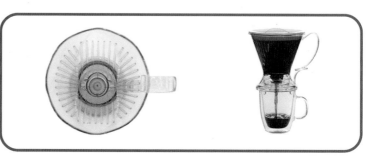

1 클레버 드리퍼(Clever dripper)란?

클레버의 외관을 살펴보면 뚜껑, 본체, 패킹으로 구성되어 있다. 클레버를 평평한 바닥에 놓으면 실리콘 소재의 패킹이 닫혀 있다. 서버나 컵 위에 올렸을 때 서버 윗면과 맞닿은 패킹이 열리면서 커피가 추출되는 사용하기 편리한 구조이다.

2 추출 방법

❶ 클레버 드리퍼 안에 필터를 넣는다.

❷ 필터 안에 분쇄된 커피를 넣은 후 물을 붓고 성분이 추출되기를 기다린다.(추출 시간은 2분 30초~3분)

❸ 원활한 추출을 위해 스틱이나 스푼으로 원두와 물을 함께 저어준다.(10회 교반)

❹ 추출 시간이 다 되면 서버나 컵에 올려 커피를 내린다.

- 클레버(1~2인용)
- 칼리타용 종이 필터
- 드립 포트, 잔, 저울, 타이머, 교반 스틱
- 원두 로스팅 포인트 : 미디엄
- 원두 분쇄도 : 0.7~1.0mm
- 원두 가루 양 : 20g
- 물 온도 : 88~93℃

① 종이 필터 접기

- 1차, 필터의 아래 접합 부분을 접는다.
- 2차, 필터의 옆 접합 부분을 아래 부분 접었던 반대 방향으로 접는다.

② 종이 필터 모양잡기

- 1차, 종이 필터의 안쪽을 벌린다.
- 2차, 양쪽 모서리 부분을 살짝 눌러주면서 종이 필터의 모양이 클레버에 맞도록 한다.

③ 종이 필터 린싱하기

- 뜨거운 물로 종이 필터를 헹군다.
- 종이 필터 전체 면이 린싱될 수 있도록 위아래로 회전시키면서 드립한다.

④ 린싱 물 내려 버리기

- 클레버를 잔에 올려 린싱 물을 빼준다.
- 잔에 내려진 린싱 물을 잘 흔들어 헹군 후 버린다.

⑤ 커피 가루 담기 : 20g

· 원두를 클레버용 분쇄도에 맞춰 그라인딩한 후 필터가 세팅된 클레버에 담는다.

⑥ 커피 가루 수평 고르기

· 클레버를 들어올린 후 흔들거나 톡톡 가볍게 치면서 커피 가루가 평평해지도록 고른다.

⑦ 뜸들이는 물 붓기

· 온수량 : 50㎖

· 커피 가루에 골고루 물이 적셔지도록 드립 포트를 돌려가며 드립한다.

⑧ 뜸들이기

· 뜸들이는 시간 : 40초

· 커피 가루가 부풀어 오르고 이산화탄소가 분출될 때까지 뜸들이기를 한다.

· 커피 성분이 용해되는 과정이다.

⑨ 1차 온수 추가하기

· 온수량 : 50㎖

⑩ 교반하기

· 스틱을 이용해 7~10회 정도 잘 섞어준다.

· 커피와 물을 잘 섞어줘야 커피 성분이 잘 빠져나오고 미분도 어느 정도 섞여서 맛의 균형이 잡힌다.

⑪ 2차 온수 추가하기

· 온수량 : 150㎖

· 교반을 마치고 온수 150㎖를 추가로 드립한다.

· 커피에 골고루 물이 섞이도록 원을 그리면서 푸어오버식으로 드립한다.

⑫ 커피 성분 우려내기

· 우려내는 시간 : 2분 20초~3분

· 뚜껑을 덮고 커피 성분이 잘 우려나도록 기다린다.

· 바디가 좋은 원두는 좀 더 길게 우려서 진하게, 향기가 좋은 원두는 짧게 우려서 최대한 향을 머금을 수 있도록 한다.

⑬ 커피 추출하기

· 우려내기를 마치면 클레버를 잔에 올려 커피를 추출한다.

⑭ 커피 추출하기

· 클레버의 커피가 전부 잔으로 추출될 때까지 기다린다.

⑮ 클레버 분리하기

· 커피가 전부 잔으로 떨어지면 클레버 본체를 잔에서 분리하여 커피 추출을 마친다.

5 모카포트(Mokapot) 추출하기

KATE 모카포트

동영상 보면서
실습하기

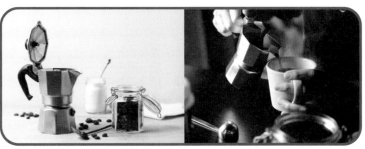

1 모카포트(Moka Pot)란?

이탈리아인들이 즐기는 에스프레소(Espresso)를 가정에서도 쉽게 추출할 수 있도록 고안한 기업이 '비알레띠(Bialetti)'이다. '모카포트'라는 명칭은 비알레띠에서 처음 개발하여 판매한 '모카 익스프레스(Moka Express)'에서 그 유래를 찾을 수 있다.

비알레띠(Bialetti)가 창업주 알폰스 비알레띠(Alfons Bialetti)는 모카 익스프레스를 1933년 처음 출시한 이후 무려 3억 개 이상의 모카 익스프레스 제품이 전 세계로 팔려나갔으며 90%가 넘는 이탈리아 가정에서 모카 익스프레스 제품을 보유하고 있을 정도이다.

팔각형 알루미늄 재질의 포트는 90년이 지난 지금도 출시되고 있는데 이후 이탈리아를 중심으로 많은 업체들이 생겨났고 재질도 알루미늄에서 스테인레스 스틸 재질로 만든 '지아니니(Giannini)', 도자기 재질의 '앤캅(Ancap)' 등으로 다양해졌다.

모카포트는 상하단이 분리되어 있어 돌려서 열고 닫기 편리하게 되어 있다. 하단에 위치한 보일러 포트의 물이 끓어 압력에 의해 수증기가 위로 올라가 커피 가루가 담긴 필터 바스켓을 통과한다. 즉, 수증기 압력에 의해 상단에 있는 커피 컨테이너 포트로 커피가 역류되어 추출되는 것이다.

② 모카포트의 구조와 특징

초기형이라 할 수 있는 모카포트는 총 5개의 부품으로 나뉜다.

모카포트는 가압 방식의 에스프레소 머신이 내는 맛과 가장 근접한 특징이 있다. 에스프레소 머신에서는 대체로 9기압 정도의 압력이 만들어지는 반면, 모카포트는 2기압 정도가 생성된다. 근래에 비알레띠에서 만든 브리카는 이 압력을 4기압에서 5기압 정도로 높게 생성시켜 크레마까지 볼 수 있게 만들었다.

에스프레소 머신에 비해 낮은 압력에서도 뜨거운 물이 커피층을 통과할 수 있도록,
원두의 분쇄도는 에스프레소 머신에서보다 조금 더 굵어야 한다. 가는 백설탕 정도의
굵기이며, 손으로 만졌을 때 알갱이가 느껴질 정도가 적당하다.

① Lid: 뚜껑
② Small Column: 내부의 커피 추출구
③ Knob(Handle): 손잡이
④ Coffee Container: 상부의 추출 커피가 담기는 곳
⑤ Filter: 평면 필터, 커피 가루를 걸러줌
⑥ Gasket: 고무 패킹, 높은 압력 유지
⑦ Funnel: 커피 가루를 담는 필터 바스켓
⑧ Steam Safety Valve: 압력(안전) 밸브
⑨ Boiler(Heating Vessel): 하부 물을 담아 끓이는 곳

- 비알레띠 모카포트 2컵
- 가스버너, 삼발이
- 에스프레소 잔
- 원두 로스팅 포인트 : 풀시티
- 원두 분쇄도 : 0.2~0.4mm
- 물 온도 : 100℃

❶ 모카포트 분리하기

- 컨테이너(밑 부분에 가스킷과 필터 플레이트가 있음), 보일러(안쪽에 압력 밸브가 있음), 바스켓(커피 가루 담는 기구), 세 부분으로 분리한다.

❷ 보일러에 온수 담기

- 보일러에 뜨거운 물을 붓는다.
- 보일러 안쪽의 중간에 있는 압력 밸브 아래까지 붓는다.
- 압력 밸브 높이 이상으로 물을 부으면 압력 조절이 잘 안 되어 증기가 샐 수도 있다.

③ 커피 가루 담기

· 원두를 모카포트용 분쇄도에 맞춰 그라인딩한 후 바스켓에 가득 담는다.

④ 커피 가루 가볍게 다지기

· 바스켓의 커피 가루를 평평하게 고른 다음 커피 가루 계량스푼을 사용해 가볍게 다져준다.

· 이때 너무 힘을 줘서 다지면 안 된다.

· 이 과정은 생략해도 무방하다.

⑤ 보일러에 바스켓 넣기

· 커피 가루가 담긴 바스켓을 보일러에 장착한다.

⑥ 컨테이너 끼우기

· 보일러에 컨테이너를 결합한다.

· 보일러가 뜨거운 상태이므로 주의해야 한다.

· 컨테이너 밑 부분의 가스켓(고무 바킹)에 완전히 밀착해 가스(수증기)가 새지 않도록 힘껏 조여주어야 한다.

⑦ 가스버너에 올리고 불 붙이기

· 모카포트를 버너에 올리고 버너의 불을 붙인 후 중불 상태로 조정한다.

⑧ 뚜껑 열고 기다리기

· 커피가 끓어오를 때까지 뚜껑을 연 상태로 기다린다.

· 커피 추출 상태를 확인하기 위해서이다.

⑨ 크레마가 올라오기 시작한다

· 모카포트의 보일러가 끓어올라 일정 압력이 되면 크레마가 먼저 나오기 시작한다.

⑩ 뚜껑 덮고 불 끄기

· 에스프레소 크레마가 먼저 나오고 에스프레소 커피가 나오기 시작하면 뚜껑을 덮고 버너의 불을 끈다.

· 커피 분출이 끝날 때까지 기다린다.

⑪ 버너에서 내리기

· 에스프레소 추출이 완료되면 모카포트를 버너에서 내려 분리한다.

⑫ 커피 따르기

· 에스프레스 잔에 커피를 따른다.

· 각자의 기호에 따라 에스프레소 자체로 마시거나 뜨거운 물을 추가하여 아메리카노 커피로 농도를 조절하거나 우유를 넣어 마시기도 한다.

6 에어로프레스(AeroPress) 추출하기

동영상 보면서
실습하기

KATE 에어로프레스

1 에어로프레스란?

에어로프레스(AeroPress)는 미국 '에어로비'사에서 2005년 개발한 것으로 공기압을 활용하는 독특한 방식의 커피 추출 기구이다. 유럽에서는 에어로프레스 대회가 있을 정도로 인기가 많다.

2 구조와 특징

구조는 크게 플런저(Plunger), 체임버(Chamber), 필터 캡(Filter Cap), 필터(Micro Paper Filter)로 나뉜다. 주사기같이 생긴 기구에 커피와 뜨거운 물을 넣고 힘으로 눌러서 추출한다.

에어로프레스의 추출 과정은 간단하지만 생각보다 뛰어난 결과물이 만들어진다. 침출 형태로 원두 가루를 물로 충분히 적시기 때문에 프렌치프레스처럼 추출 편차가 적으면서 마이크로 필터가 미분을 걸러주어 드립 커피의 깔끔하고 부드러운 맛이 난다. 또 추출할 때 가하는 압력이 커피의 오일 성분을 더

욱 끌어내어 향이 더 풍부하고 농도가 진하다. 짧은 추출 시간으로 카페인이 적게 추출되고 쓴맛도 약하다.

반면 기구 자체가 원두의 굵기와 양, 물의 온도와 양, 추출 시간에 대한 허용 범위가 넓기 때문에 추출 시 다양한 변수가 존재한다. 역으로 생각하면 다양한 변수로 인해 조합 가능한 추출 레시피가 상당히 많다는 것이 장점일 수도, 단점일 수도 있다.

원래 에어로프레스는 에스프레소 추출 방식을 가정에서 편하게 또는 휴대용으로 간편하게 사용할 목적으로 개발된 커피 추출 기구이다. 하지만 고온 고압의 에스프레소 머신과 같아지기에는 무리가 있었다. 지금은 에어로프레스로 내린 커피는 그냥 에어로프레스로 내린 커피로 취급된다. 즉 정확히는 미분이 없는 프렌치프레스 같은 느낌이 강하다. 하지만 에스프레소와 같다고는 할 수 없어도 전문적인 기계도 필요 없고 불도 필요하지 않으면서 간단하게 진한 커피를 만들 수 있는 좋은 커피 추출 기구인 것은 사실이다.

③ 사용법

기본이 되는 사용 방법은 필터용 분쇄보다 조금 더 가늘게 분쇄된 원두를 사용하는 것이지만, 기구를 뒤집어서 쓰는 인버티드 방식(한국에서는 역방향이라 부른다.)을 쓰면 원두의 굵기와 무관해진다.

◉ **제작사 표준 레시피(정방향 방식)**

❶ 필터를 넣고 필터 캡을 체임버에 끼운다.

❷ 원두 가루를 체임버에 넣는다. (원두 굵기는 드립용보다 더 가늘게 분쇄, 원두양은 15~20g 사이)

❸ 체임버를 살짝 쳐서 원두를 다듬어준 뒤, 머그잔 위에 올려놓는다.

❹ 끓인 물을 살짝 식힌 상태에서 붓고, 부은 후 바로 10초 간 젓는다.

❺ 그후 약간의 뜸을 들인 뒤에 플런저를 끼우고 그대로 눌러서 추출한다.

※ 본 교재에서는 스타벅스 매장에서 사용되고 있는 인버티드 방식(역방향 방식)으로 추출하는 레시피 사용법을 소개한다.

- 에어로프레스
- 마이크로 종이 필터
- 드립 포트, 잔, 저울, 타이머, 교반 스틱
- 원두 로스팅 포인트 : 미디엄
- 원두 분쇄도 : 3(0.5~0.7mm)
- 원두 커피 양 : 15g
- 물 온도 : 85~90℃
- 온수량 : 200㎖

① 종이 필터를 넣고 린싱하기

- 캡에 마이크로 종이 필터를 넣는다.
- 뜨거운 물로 필터를 린싱한다.

② 플런저에 체임버 끼우기(역방향)

- 플런저를 아래에 두고 체임버를 끼운다.(역방향 방식 추출 준비)
- 커피물이 새지 않도록 고무 실을 꼭 채운다.

❸ 체임버에 원두 가루 넣기 : 15g

· 깔때기를 이용해 체임버에 커피 가루를 넣는다.

· 분쇄도 : 드립용보다 조금 더 가늘게 분쇄

❹ 물 붓기

· 체임버에 온수를 붓는다.

· 온수 온도 : 85~90℃

· 온수량 : 200㎖

❺ 스패출러로 교반하기

· 스패출러 또는 스틱으로 커피가 잘 풀어지도록 7~10회 정도 섞어준다.

❻ 커피 우려내기

· 1분 30초 동안 침출 커피가 우러나도록 기다린다.

❼ 체임버에 필터 캡 끼워넣기

· 체임버에 캡을 끼운다.

· 단단하게 잘 채워서 뒤집었을 때 커피가 새지 않도록 한다.

8 **추출용 잔으로 캡 덮기**

- 압력을 견딜 수 있는 튼튼한 잔으로 캡을 덮는다.

9 **에어로프레스 뒤집기**

- 잔을 잘 맞춘 상태로 에어로프레스를 뒤집어 바로 세운다.
- 잔을 잘 맞춰야 커피가 밖으로 새는 것을 방지할 수 있다.

10 **플런저를 눌러 추출하기**

- 압력을 고르게 가한다는 느낌으로 천천히(30초 정도의 시간) 눌러 커피를 추출한다.
- 상당한 힘이 필요하므로 허리 높이 아래 낮은 곳에 두고 누르기 시작하는 것이 좋다.

11 **끝까지 천천히 눌러 추출하기**

- 마지막에 바람 빠지는 소리가 날때까지 끝까지 누른다.

12 **에어로프레스 분리하기**

- 추출을 마친 에어로프레스를 분리한다. 필터 캡이 위로 향하게 내려놓는다.

13 **커피 찌꺼기 제거하기**

- 캡을 열고 플런저에 압력을 가해 끝까지 밀면 커피 찌꺼기가 빠져나온다.

14 **완성**

- 추출된 커피를 잔에 따라 즐긴다. 에어로프레스는 물로 잘 헹구면서 씻은 다음 마른 상태로 보관한다.

부록

1. 커피 브루잉 마스터 자격 시험

   필기 검정 예상 문제

2. 사단법인 KATA

   커피 브루잉 마스터

   자격 검정 안내

Coffee Brewing Master
커피 브루잉 마스터

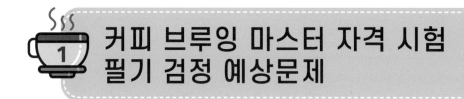

커피 브루잉 마스터 자격 시험 필기 검정 예상문제

커피 개론

 커피나무의 재배와 수확

1. 커피의 식물학적 특성에 관한 내용으로 맞는 것은?

    ① 커피나무는 남아메리카 브라질이 원산지이다.

    ② 아라비카종은 평균 3%의 카페인을 함유하고 있다.

    ③ 아라비카종의 경우 연평균 강우량 1,500~2,000mm의 규칙적인 비와 충분한 햇볕을 받아야한다.

    ④ 커피나무에 체리가 맺히기 시작하고 6~8주 지나면 수확이 가능하다.

2. 커피의 서식 환경에 큰 영향을 주는 요소로 적절치 않는 것은?

    ① 기후   ② 해양 조건

    ③ 강우량   ④ 고도

3. 로브스타 커피의 세계 최대 생산국은?

    ① 인도네시아   ② 베트남

    ③ 인도   ④ 멕시코

4. 커피의 적합한 서식 환경에 대한 설명으로 바르지 않은 것은?

① 커피 열매의 크기는 지름 10~15mm 정도이고 익으면 초록색을 띤다.

② 커피는 기후, 강우량, 토양조건, 고도 등에 가장 큰 영향을 받는다.

③ 커피는 적도를 중심으로 남위 23~25도, 북위 23~25도 사이에서 자란다.

④ 아라비카종은 에티오피아, 카네포라 종은 콩고가 원산지이다.

5. 커피의 5대 생산국 순서로 맞는 것은?

① 브라질 → 베트남 → 에티오피아 → 콜롬비아 → 인도네시아

② 베트남 → 브라질 → 인도네시아 → 콜롬비아 → 에티오피아

③ 베트남 → 브라질 → 인도네시아 → 에티오피아 → 콜롬비아

④ 브라질 → 베트남 → 인도네시아 → 콜롬비아 → 에티오피아

6. 다음은 어떤 품종의 서식 환경 조건에 대한 설명인가?

- 해발 1,000~1,500m의 고산 지대
- 연중 평균 기온 20℃, 서리가 내리지 않는 지역
- 강우량 1,500~2,000mm 정도

① 아라비카종   ② 로부스타종

③ 리베리카종   ④ 미네라브종

7. 커피 생산국의 공통적 특징에 대한 설명으로 맞지 않는 것은?

① 아열대 또는 열대 지방에 위치한 나라가 대부분이다.

② 커피 생산국의 지형은 거의 해안 지형에서 이루어진다.

③ 커피 생산국은 대부분 빈민 국가이다.

④ 커피는 노동 집약적 산업이다.

정답 1③ 2② 3③ 4① 5④ 6① 7②

8. 다음 (　　　　　)의 들어갈 말로 맞는 것은?

> 커피 열매는 (　　　　　　　)에서 생산될수록 단단하고 밀도가 높아 향미가
> 좋다.

① 고지대   ② 저지대

③ 해안 지대   ④ 화산 지대

9. 다음 (　　　)의 들어갈 말로 맞는 것은?

> 커피나무는 모종을 심은 지 3년이 지나면 꽃을 피우고 열매를 맺기 시작하
> 지만 (　　　) 정도 자라야 수확이 가능하다.

① 4년   ② 5년

③ 6년   ④ 7년

10. 커피 체리를 수확하는 방법 중 틀린 설명은?

① 스트리핑(Stripping)은 핸드피킹(Hand-picking)에 비해 인건비 부담이 적다.

② 핸드 피킹(Hand-picking)은 커피의 품질(Quality)을 떨어뜨린다.

③ 스트리핑(Stripping)은 한 번에 손으로 모든 체리를 훑어 수확하는 방법이다.

④ 핸드 피킹(Hand-picking)은 잘 익은 체리만을 선택적으로 수확하는 방식이다.

11. 다음에서 설명하는 커피 수확 방식은?

> ● 기계를 이용해 수확하는 방식
> ● 나무를 덮을 만큼의 큰 기계를 이용하여 수확
> ● 모아진 체리는 나뭇가지, 잎사귀 등 불순물을 제거

① 매커니컬 피킹   ② 핸드 피킹

③ 스트리핑   ④ 핑거 피킹

12. 수확한 체리의 자연 건조 방식에 대한 설명으로 바른 것은?

① 단맛이 약하고 바디감도 약하다.

② 체리는 씻을 필요 없이 그대로 말린다.

③ 브라질, 에티오피아, 인도네시아에서 주로 사용하는 방식이다.

④ 수분 함량이 60%에 이르면 건조를 멈춘다.

13. 기계를 이용하여 익은 커피와 익지 않은 커피를 한꺼번에 수확하는 방법은?

① 스트리핑   ② 매커니컬 피킹

③ 핸드 피킹   ④ 네츄럴 피킹

14. 발효 과정이 없지만 맛이 깔끔한 커피 가공 방식은?

① 세척 방식   ② 반세척 방식

③ 자연 건조 방식   ④ 르왁 방식

15. 콜롬비아 등 비가 많은 중남미 지역에서 주로 사용하는 커피 가공 방식으로 발효 과정을 거치는 특성이 있는 것은?

① 세척 방식   ② 반세척 방식

③ 자연 건조 방식   ④ 기계식 방식

16. 외과피와 과육은 제거하고 점액질 상태로 건조하는 펄프드 네추럴 방식에서 블랙 허니(Black Honey) 방식으로 가공된 커피의 향미 특징과 다른 것은?

① Zesty   ② Sweetness

③ Clean   ④ Spicy

17. 다음은 커피의 어떤 가공 방식에 대한 설명인가?

> • 체리를 가볍게 씻은 후 껍질과 과육을 제거한다.
> • 그 후 파치먼트 상태에서 넓은 마당이나 그물에 수분이 11~12% 될 때까지 건조시킨다.
> • 발효 과정이 없지만 맛이 깔끔하다.

① 세척 방식　　　　　　　　② 반세척 방식
③ 자연 건조 방식　　　　　　④ 기계식 방식

18. 커피의 가공 방식에 대한 설명으로 바르지 않은 것은?

① 세척 방식(Washed) - 체리의 껍질을 벗겨내고 물에 담가 발효를 통해 과육을 완전 제거한다.
② 자연 건조 방식(Sun Dry) - 넓은 마당에 커피 체리를 펴서 말린다.
③ 반세척 방식(Semi-Washed) - 체리를 가볍게 씻은 후 껍질과 과육을 제거한 후 파치먼트 상태에서 건조시킨다.
④ 르왁 방식 - 가축들을 동원하여 건조 가공시킨다.

19. 온실 건조가 가능해지면서 브라질에서 발전시킨 펄프드 네추럴 커피 가공 방식의 허니 프로세스의 특징에 대한 설명으로 맞지 않는 것은?

① Black Honey : 점액질 상태로 3주 정도 천천히 건조
② Red Honey : 점액질 상태로 1주 정도로 빠르게 건조
③ Yellow Honey : 점액질을 10% 제거하고 건조
④ White Honey : 점액질을 90% 제거하고 건조

20. 커피콩에 대한 설명으로 바르지 않는 것은?

① Cherry - 커피 열매　　　　② Green Bean - 생두
③ Whole Bean - 원두　　　　④ Ground Coffee - 커피콩

21. 다음 커피 체리 그림에서 생두 부분으로 맞는 것은?

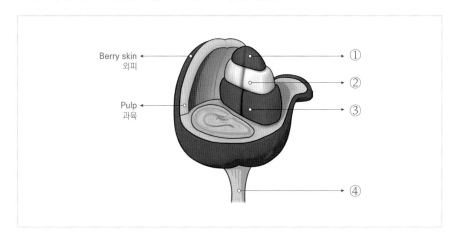

22. 커피 체리를 가공하는 방법 중 틀린 설명은?

① 커피 체리를 수확한 후 그 상태로 말리는 방법을 건식법(Dry processing)이라 부른다.

② 건조방식은 햇볕에 직접 말리는 방법과 기계를 이용하는 방식으로 크게 나뉜다.

③ 펄프 제거와 발효 후 파치먼트 상태로 말리는 방법을 습식법(Wet processing)이라 부른다.

④ 현재 가장 많이 사용하는 방식은 세미 워시드(Semi-washed) 방식이다.

23. 블랙 아이보리 커피에 대한 설명으로 맞지 않는 것은?

① '코끼리 똥 커피'로 불린다.

② 세계에서 가장 싼 커피 중 하나로 평가받는다.

③ 코끼리에게 커피 체리를 먹이고 배설물에서 골라내 가공한다.

④ 블랙 아이보리는 코끼리 '상아(Ivory)'에서 유래됐다.

정답 17 ② 18 ④ 19 ③ 20 ④ 21 ① 22 ④ 23 ②

24. 커피 가공에 동물의 소화 방식을 사용하는 커피의 종류가 아닌 것은?

① 코피 루악 – 사향 고양이　　② 위즐 커피 – 사향 족제비

③ 블랙 아이보리 커피 – 코끼리　　④ 피그 커피 – 돼지

25. 커피 가공 생산의 마지막 단계인 생두(Green Bean)의 선별 작업(Sorting)에 대한 설명으로 적절하지 않는 것은?

① 가공 과정을 마친 생두에는 불순물이 많이 섞여 있어 상품적 가치가 높다.

② 껍질이 벗겨지지 않은 체리 상태, 파치먼트 상태의 생두를 골라내야 한다.

③ 나뭇가지, 돌 등의 이물질을 골라내야 한다.

④ 선별 기구를 이용하거나 직접 눈과 손을 이용하여 작업이 이루어진다.

커피의 품종과 산지별 특징

26. 커피 품종에 대한 설명으로 바르지 않는 것은?

① 커피는 꼭두서닛과에 속하는 식물이다.

② 꼭두서닛과에는 500속 6,000종이 있다.

③ 커피나무는 크게 코페아 아라비카와 로부스타 두 품종으로 구분된다.

④ 코페아 아라비카 품종에는 변종이 없다.

27. 티피카(Typica)의 돌연변이 품종으로 작고 둥근 편이며 센터컷이 S자형의 특성을 지닌 아라비카 변종은?

① Catura　　　　　　② Borbon

③ Mundo novo　　　　④ Catuai

28. 다음의 커피 종류 중 종자가 다른 것은?

① 티피카(Typica)　　　　② 버본(Bourbon)

③ 카투라(Caturra)　　　　④ 코닐론(Conillon)

29. "커피 원두의 품종은 200~300종에 이르지만 상업적으로 유통되는 품종은 크게
( )로 나뉜다." ( )에 맞는 말은?

① 아라비카종과 티피카종

② 아라비카종과 리베리카종

③ 아라비카종과 로부스타종

④ 아라비카종과 카티모르종

30. 아라비카 변종 '마라고지페'에 대한 설명으로 맞지 않는 것은?

① 콜롬비아의 도시 마라고지페 인근에서 발견된 종이다.

② 티피카종의 자연 변종이다.

③ 열매와 잎, 키가 커서 면적당 생산량이 떨어진다.

④ 달콤하고 상큼한 맛이 있으나 추출율이 낮다는 단점이 있다.

31. 다음이 설명하는 커피의 품종은?

- 브라질, 콜롬비아, 에티오피아 등지가 대표적 생산지
- 세계 커피 총생산의 75%
- 원산지가 에티오피아

① 아라비카   ② 카네포라

③ 로브스타   ④ 리베리카

32. 아라비카 대 로부스타 커피의 전 세계 산출량 비율로 맞는 것은?

① 55% : 45%   ② 75% : 25%

③ 25% : 75%   ④ 45% : 55%

정답 24.④ 25.① 26.④ 27.② 28.④ 29.③ 30.① 31.① 32.②

33. 다음이 설명하는 커피의 품종은?

- 원산지가 콩고
- 세계 커피 총생산의 25%
- 에스프레소나 인스턴트 믹스용 커피로 주로 사용

① 아라비카   ② 코페아

③ 로브스타   ④ 리베리카

34. 다음이 설명하는 아라비카 변종은?

- 브라질 커피 생산량의 약 40%를 차지
- 레드 버번과 티피카의 자연 교배종
- 환경 적응력이 좋고 커피의 품질도 좋은 편임

① 카투아이   ② 카투라

③ 아마레로   ④ 문도노보

35. 티피카(Typica)에 대한 설명으로 맞지 않는 것은?

① 아라비카 원종에 가장 가까운 품종이다.

② 유럽을 거쳐 중남미에 이식되면서 가장 대표적인 커피 품종이 되었다.

③ 생두 모양은 긴 타원형으로 끝이 뾰족하고 폭이 좁다.

④ 녹병에 강하고 생산성이 높다.

36. 전 세계적으로 산출량이 가장 많으면서 고급에 속하고 가격도 비싼 커피의 품종은?

① 아라비카종   ② 로부스타종

③ 리베리카종   ④ 카네포라종

37. 다음이 설명하는 커피의 품종은?

- 낮은 온도와 병충해에 강한 품종
- 아주 소량만 생산되며 주로 배합용으로 쓰이고 있음
- 100~200m의 낮은 지대에서도 잘 자람

① 아라비카   ② 카네포라
③ 로브스타   ④ 리베리카

38. 게이샤(Geisha) 품종에 대한 설명으로 적절하지 않는 것은?

① 특유의 꽃향기와 재스민 , 봉숭아 향이 강한 커피 품종이다.
② 탄자니아 연구소에서 커피 녹병에 강한 품종으로 탄생되었다.
③ 파나마 보케네 지역의 아주 낮은 저지대에서 재배하면서 재탄생되었다.
④ 주로 말라위 게이샤라고 불리우며 커피 체리의 색이 루비색과 비슷하다.

39. 킬리만자로 커피에 대한 설명으로 틀린 것은?

① 에티오피아에서 생산되는 커피이다.
② 가장 아프리카 커피다운 맛으로 평가받고 있다.
③ 커피의 신사라고 하며 영국 왕실의 커피로 칭송받는다.
④ 깔끔하면서도 와인 같은 풍미를 지니고 있다.

40. "1년에 3만 포대 정도만 생산되며 희귀하고 값비싼 자메이카 (   ) 원두로 영국 황실에 납품되는 최고 커피이다." (   )에 맞는 것은?

① 산토스   ② 블루마운틴
③ 수프리모   ④ 마타리

41. 커피를 수출하는 항구의 이름에서 유래한 예멘산 명품 원두는?

① 코나

② 따라주

③ 모카 마타리

④ 수마트라만델링

42. 아라비카 원두에서 어떤 종류의 특징에 대한 설명인가?

- 에티오피아산이다.
- 꽃 향기가 나고 풍부한 맛과 신맛이 어우려져 있다.
- 카페인이 적어서 저녁에 마시기에 부담이 없다.

① 안티구아

② 예가체프

③ 시다모

④ 수프리모

43. 대표적인 국가별 아라비카 원두의 연결로 맞지 않는 것은?

① 에티오피아 – 시다모

② 탄자니아 – 킬리만자로

③ 콜롬비아 – 수프리모

④ 브라질 – 블루마운틴

44. 생산 국가별 대표적인 커피를 연결한 것으로 맞지 않는 것은?

① 브라질 산토스

② 콜롬비아 수프리모

③ 코스타리카 블루마운틴

④ 과테말라 안티구아

45. 생산국에 따른 유명한 커피가 옳게 짝지어진 것은?

① 코스타리카 – 블루마운틴

② 과테말라 – 코나커피

③ 브라질 – 안티구아

④ 인도네시아 – 만델링

46. 다음 중 에티오피아에서 생산된 커피가 아닌 것은?

① 예가체프(Yirgacheffe)

② 하라(Harra)

③ 엑셀소(Excelso)

④ 시다모(Sidamo)

47. 다음은 어느 나라에 대한 설명인가?

- 세계 2위 커피 생산국이다.
- 저품질의 로부스타종이 95% 이상 생산된다.
- 주로 인스턴트 커피에 많이 사용된다.

① 자메이카   ② 브라질

③ 베트남   ④ 멕시코

48. 다음은 어느 나라에 대한 설명인가?

- 전 국토의 12%가 커피 농장으로 조성되어 있는 중남미 국가다.
- 생두는 습식과 허니드, 체리드라이 방법으로 처리되고 있다.
- 주로 고지대에서 경작되며 토착 버번종의 단맛과 상큼한 맛이 난다.

① 코스타리카   ② 엘살바도르

③ 과테말라   ④ 멕시코

49. 멕시코 커피에 대한 설명으로 맞지 않는 것은?

① 아라비카종을 많이 생산하고 있으며 세계 2위의 커피 생산국이다.

② 유기 농법과 그늘 경작법으로 커피의 품질 향상에 노력하고 있다.

③ 고급 커피에는 '알투라' 등급을 붙이는데 고지대 생산 커피라는 뜻이다.

④ 신맛이 강하며 커피 맛은 부드럽고 마시기 편한 커피로 평가되고 있다.

50. 오랜 역사와 많은 생산량으로 지금도 전 세계 커피의 물량과 가격을 결정짓는 중요커피 생산 지역은?

① 중남미   ② 카리브해

③ 남아메리카   ④ 아프리카

정답 41 ③ 42 ③ 43 ④ 44 ③ 45 ④ 46 ③ 47 ③ 48 ② 49 ① 50 ③

51. 자메이카 커피에 대한 설명으로 맞지 않는 것은?

① 자메이카 블루마운틴은 전 세계적으로 가격이 가장 높은 커피이다.

② 커피를 가마니가 아닌 나무통을 이용한 수출을 통해 고급화에 성공했다.

③ 은피를 벗겨내는 작업인 폴리싱으로 인해 생두의 외관은 깔끔하고 균일하다.

④ 전 세계적인 커피 산지로 성장했으며 생산량도 아주 많은 편이다.

52. 다음은 카리브해 국가 중 어느 나라에 대한 설명인가?

- 카리브해 제도 국가 중 1인당 커피 소비량이 가장 많다.
- 아라비카 품종만을 재배하며 버번, 파카스, 문도노보 등이 있다.
- 부드럽고 깔끔하며 바디가 강하지 않고 가벼운 편이다.

① 자메이카   ② 도미니카공화국

③ 과테말라   ④ 쿠바

53. 다음은 어느 나라에 대한 설명인가?

- 세계 3위의 커피 생산국이며 마일드 커피의 대명사로 불린다.
- 안데스산맥 해발 1,400m 이상의 고지대에서 경작한다.
- 품종은 100% 아라비카로 크게 수프리모와 엑셀소로 나누어진다.
- 습식법으로 완성시킨 맛과 향이 풍부한 커피이다.

① 브라질   ② 콜롬비아

③ 페루   ④ 에콰도르

54. 로브스타와 아라비카 커피가 발견된 곳이자 커피 재배의 중심지로 대체로 신맛이 좋고 향기로운 커피가 생산되고 있는 지역은?

① 아프리카   ② 아시아

③ 중남미   ④ 하와이

55. 하와이 커피의 특징에 대한 설명으로 적절하지 않은 것은?

① 최고급 커피의 하나인 '코나'만 생산되고 있다.

② 활동 중인 마우나 로아 화산 비탈에 있는 지역에서 경작되고 있다.

③ 핸드피킹으로 수확하여 습식 가공으로 생산하는 티피카 품종의 커피이다.

④ 단맛과 신맛이 조화롭고 부드러운 커피로 평가받고 있다.

 커피의 등급과 분류

56. 일반적으로 커피의 등급을 평가하는 기준으로 적절하지 않은 것은?

① 사이즈와 밀도   ② 재배 지역과 결점 두수

③ 카페인 함량   ④ 맛 평가

57. Brazil Santos는 어떤 방식의 생두 표기 방법인가?

① 생산국가명과 커피의 등급명

② 생산국가명과 산지명

③ 생산국가명과 커피를 수출하는 항구명

④ 생산국가명과 커피 맛의 특징

58. 생두 수확연도가 1~2년이면 어떻게 평가되는가?

① 뉴크롭   ② 패스트 크롭

③ 올드크롭   ④ 배리 올드크롭

59. 생두의 생산국가명과 산지명을 함께 표기하는 방법으로 다른 것은?

① Yemen Mocha   ② Jamaica Blue Mountain

③ Hawaii Kona   ④ Guatemalan Antigua

60. 좋은 생두의 기준에 대한 설명으로 맞지 않는 것은?

① 생산지-고지대에서 재배되는 커피일수록 맛과 향이 우수하다.

② 색상-원두색은 짙은 청록색일수록 좋다.

③ 크기-조건이 동일할 경우 생두의 사이즈가 클수록 좋다.

④ 밀도-밀도가 낮을수록 좋다.

61. 생산 국가명과 커피의 등급명을 함께 표기하는 방법으로 적합하지 않는 것은?

① Costa Rica SHB   ② Colombia Supremo

③ Hawaii Kona   ④ Kenya AA

62. 우수한 품질의 아라비카종 원두 한 가지만을 사용하여 추출한 커피로 원두 고유의 향미를 즐길 수 있는 커피는?

① Straight Coffee   ② Regular Coffee

③ Variation Coffee   ④ Flavored Coffee

63. 특성이 다른 2가지 이상의 원두(또는 생두)를 혼합한 커피는?

① Straight Coffee   ② Blend Coffee

③ Regular Coffee   ④ Flavored Coffee

64. 생두 크기별로 스크린 테스트를 통해 등급을 결정하는 콜롬비아에서 'Supremo' 사이즈의 크기는?

① 사이즈 18 이상   ② 사이즈 16 이상

③ 사이즈 14 이상   ④ 사이즈 12 이상

65. ISO에서는 커피 빈 스크리너(생두 사이즈 고르는 기계)를 통해 스크린 사이즈 18보다 큰 생두가 몇 % 이상일 경우 스페셜티 등급이 되는가?

① 75%   ② 85%

③ 95%   ④ 100%

66. 과테말라, 온두라스, 멕시코 등에서 사용하는 SHB 등급의 재배 고도는?

① 1,800~1,900m ② 1,600~1,700m

③ 1,350~1,500m ④ 1,200~1,350m

67. 생두의 스크린 넘버와 생두 크기, 명칭 분류표에서 (   )에 맞는 것은?

Screen No.	생두 크기(mm)	명 칭
20	8	( )
19	7.5	extra large bean
18	7	large bean
17	6.75	bold bean
16	6.5	good bean
15	6	medium bean
14	5.5	small bean
13	5	peaberry
크기 계산	스크린의 지금 크기=스크린 넘버/64×25.4	

① great large bean ② super large bean

③ very large bean ④ big large bean

68. 에티오피아, 인도네시아에서는 결점 두수에 따라 생두의 등급을 결정하는데 'Grade 2'의 생두 300g당 결점 두수로 맞는 것은?

① 0~3 ② 4~12

③ 13~25 ④ 20~45

69. 미국 스페셜티 커피협회에서 권장하는 생두의 표준 수분 함량은?

① 10~12% ② 15~20%

③ 25~40% ④ 50~60%

70. 미국 스페셜티 커피협회(SCAA) 기준법에서 빈칸에 맞는 것은?

등급	결점 두수	커핑 테스트
( )	0~5	90점 이상
프리미엄	0~8	80~89
익스체인지	9~23	70~79

① 퍼스트   ② 슈퍼

③ 스페셜티   ④ 엑셀소

71. 자연 생태계가 보호 유지된 경작지에서 재배한 커피만 받을 수 있는 인증서를 받은 커피는?

① Eco-OK Coffee   ② Shade-Grown Coffee

③ Fair-Trade Coffee   ④ Partnership Coffee

72. 공정 무역 마크가 부착된 커피로서, 다국적 기업 등의 폭리적인 면을 없애자는 취지로 만들어지게 된 커피는?

① Eco-OK Coffee   ② Shade-Grown Coffee

③ Fair-Trade Coffee   ④ Partnership Coffee

73. 유기농 커피(Organic Coffee)에 대한 설명으로 적절하지 않는 것은?

① 재배 방법이 100%에 가깝게 친환경적이다.

② 농약 등의 화학물을 쓰지 않는다.

③ 3년에 한 해 쉬는 등의 방법을 사용한다.

④ 정제 과정에서 카페인을 제거한다.

74. 다음 중 커피의 향미에 결함이 있는 생두에 해당되지 않는 것은?

① 과발효된 생두   ② 백화 현상이 있는 생두

③ 곰팡이가 있는 생두   ④ 크기가 작은 생두

75. 결점두 중에서 아래의 원인에 의하여 생성되는 것은?

- 가볍고 물에 뜨는 생두
- 잘못된 건조나 보관에 의해 발생
- 발효된 맛이나 흙냄새 등이 남

① White Beans　　　　　② Immature Beans

③ Parchment Beans　　　④ Floater Beans

76. 커피 생두(Green Bean)의 품질을 평가하는 일반적 기준이다. 틀린 것은?

① 청결도(은피 제거 여부)는 가장 중요한 평가 요소이다.

② 결점 두수가 적은 커피가 좋은 커피로 평가된다.

③ 생두는 일반적으로 크기가 클수록 좋은 등급으로 취급된다.

④ 대체로 고지대에서 생산된 생두가 저지대에서 생산된 생두보다 우수하다.

77. 다음 중 결점두(Defect bean)의 발생 원인이 잘못 연결된 것을 고르시오.

① 블랙 빈(Black bean) - 커피가 너무 늦게 수확되었음

② 사우어 빈(Sour bean) - 발육 기간 동안의 부족한 수분 공급

③ 셸(Shell) - 유전적인 원인

④ 브로큰 빈(Broken bean) - 잘못된 탈곡

78. SCAA 기준에 의한 결점두(Defect bean) 중 너무 늦게 수확되거나 흙과 접촉하여 발효되어 발생하는 것은?

① Floater　　　　　　② Withered bean

③ Black bean　　　　　④ Shell

79. 결점두(Defect Bean)에 대한 설명으로 적절하지 않는 것은?

① 결점두는 썩거나 깨지거나 덜 익거나 로스팅 과정에서 변질이 일어난 콩을 말한다.

② 로스팅 시 결점두가 있더라도 커피의 맛과 향에 영향을 끼치지 않는다.

③ 커피 퀄리티에 가장 영향을 주는 요소가 결점두이다.

④ 결점두는 로스팅하기 전에 골라내야 한다.

80. 세계 3대 스페셜티 커피 중 하나인 하와이 코나에 대한 설명으로 맞지 않는 것은

① 하와이의 빅아일랜드 서쪽 코나 해안 지역에서 재배되는 커피를 말한다.

② 해발이 낮은 600피트 이하에서 재배되는 특징이 있다.

③ 한낮에는 구름이 적당히 태양을 가려 커피 나무에 쾌적한 그늘을 제공하는 천혜의 자연 조건을 가지고 있다.

④ 진한 맛과 향기가 나는 가장 큰 7oz 짜리 원두 'Royal Kona Estate(Extra Fancy)' 등급이 좋다.

81. 세계 3대 희귀 커피 중 하나인 게이샤 커피에 대한 설명으로 틀린 것은?

① 에티오피아의 남서쪽 카파 지역 게이샤라는 숲(Geisha)에서 최초로 발견되었다.

② 일반 커피와는 달리 가늘고 긴 체리 열매와 커피콩이 특징이다.

③ 파나마 에스메랄다 게이샤가 비싼 이유는 생산량이 아주 적기 때문이다.

④ 벌꿀향이 나는 가벼운 바디감과 감귤 맛이 도는 향미가 특징이다.

82. 세계 3대 희귀 커피 중 하나인 코피루왁에 대한 설명으로 틀린 것은?

① 코피루왁은 베트남의 대표적인 커피이다.

② 커피 열매를 먹은 사향고양이의 배설물에서 커피 씨앗을 채취하여 가공하는 커피이다.

③ 희귀성 때문에 비싼 가격에 거래되고 있다.

④ 쓴맛이 덜하고 신맛이 적절하게 조화를 이루며 중후한 바디를 가진 것으로 알려져 있다.

83. 세계 3대 스페셜티 커피 중 하나인 블루마운틴(1등급)에 대한 설명으로 맞지 않는 것은?

① 카리브해의 푸른 바다빛이 반사되어 'Blue Mountain(푸른산)'이라고 이름 붙여지게 되었다.

② 고도 1,100m 이상, 스크린 사이즈 17~18의 원두만이 '블루마운틴 no1'이라는 등급을 받게 된다

③ 커피의 황제라는 별칭을 갖고 있다.

④ 생산량이 많아 가격은 싸다.

84. 세계 3대 스페셜티 커피와 거리가 먼 것은?

① Colombia Supremo ② Hawaii Kona

③ Blue Mountain ④ Yemen Mocha

85. 세계 3대 희귀 커피와 거리가 먼 것은?

① 게이샤 커피 ② 세인트헬레나 커피

③ 하와이 코나 ④ 코피루왁

 커피의 보관과 음용법

86. 생두의 생리에 맞는 보관 요소에 대한 설명 중 적절하지 않는 것은?

① 보관실 온도는 20~22℃로 유지한다.

② 생두들의 평균 수분 함량 5%와 수분 균형을 이루는 보관실의 상대 습도는 40~50%를 유지한다.

③ 직사광선은 피하고 통풍이 잘 되도록 해야 한다.

④ 생두 자루 보관 시 벽에 붙이고 바닥에 직접 닿도록 한다.

87. 생두의 보관 과정 중 품질에 영향을 미치는 환경 요소와 거리가 먼 것은?

① 수분 함량과 상대 습도   ② 장기간 보관

③ 온도   ④ 공기 조성

88. 커피는 로스팅을 하게 되면 시간이 지남에 따라 향기가 소실되고 맛의 변질이 진행되는데 이것을 무엇이라고 하는가?

① 산패   ② 부패

③ 향패   ④ 미패

89. 커피 산패의 요인은 여러 가지가 있다. 이 중에서 원두의 산화를 촉진하는 가장 큰 요인이 되는 것은?

① 산소   ② 습도

③ 햇빛   ④ 온도

90. 커피 제조 및 유통 과정에서 가장 보편적으로 사용되는 방식으로 공기가 한 방향으로만 이동할 수 있는 기구가 장착된 포장 방식은?

① 진공 포장   ② 밸브 포장

③ 공기 포장   ④ 질소 포장

91. 다음 ( )에 들어갈 말로 맞는 것은?

> • 원두 커피는 로스팅 중 세포 팽창의 결과 작은 구멍이 수없이 만들어져 있다. 따라서 각종 기체 성분의 흡착이 용이해 ( )을 빨아들여 이 공간을 채우게 된다.
> • 원두는 ( )과 함께 주변에 있는 좋지 않은 냄새도 같이 흡수하게 되어 커피의 향미 변화를 촉진시킨다.

① 산소   ② 햇빛

③ 수분   ④ 먼지

92. 원두의 포장 방법 중 보존 기간이 가장 긴 순서로 맞는 것은?

① 진공 포장 – 밸브 포장 – 질소포장 – 공기 포장

② 진공 포장 – 질소포장 – 밸브포장 – 공기 포장

③ 질소포장 – 진공 포장 – 밸브 포장 – 공기 포장

④ 질소포장 – 공기 포장 – 밸브 포장 – 진공 포장

93. 다음 ( )에 들어갈 말로 맞는 것은?

- ( )가 높아질수록 커피 내 향미 성분은 더 빨리 변화(산패 반응)하거나 또는 더 빨리 방출된다.
- 원두 커피는 서늘할 곳에 저장하는 것이 좋다.

① 온도   ② 햇빛

③ 수분   ④ 먼지

94. 원두의 신선도를 오래 지속시키는 포장 재료가 갖추어야 할 조건에 대한 설명으로 적절하지 않은 것은?

① 보온성   ② 보향성

③ 차광성   ④ 방습성

95. 맛 좋은 레귤러 커피를 마시기 위해 취해야 할 적절한 방법이 아닌 것은?

① 커피는 추출하기 직전에 분쇄한다.

② 즉시 사용하지 않는 커피는 건 냉암소에 보관한다.

③ 추출한 커피는 약한 불에 데워 따뜻하게 유지시킨다.

④ 1회에 구매하는 커피 양은 적은 것이 좋다.

96. 다음은 어느 나라의 커피 음용 문화에 대한 설명인가?

> - 가정에서 많이 사용되는 기구는 모카포트이다.
> - 선채로 Espresso를 마시는 Espresso bar가 많다.
> - 잠자리에서 일어나면 가장 먼저 커피를 마신다.

① 프랑스   ② 이탈리아

③ 튀르키예   ④ 그리스

97. 올바른 커피 보관법에 대한 설명으로 적절하지 않는 것은?

① 원두는 2주 이상 보관하지 않는다.

② 보관 용기는 산소, 습도, 햇볕을 차단할 수 있는 밀폐 용기가 좋다

③ 갈지 않고 홀빈(Whole Bean) 상태로 보관하는 것이 좋다.

④ 냉장고에 보관하는 것이 좋다.

98. 이탈리아 커피 음용 문화에 대한 설명으로 맞지 않는 것은?

① 잠자리에서 일어난 후 가장 먼저 커피를 마신다.

② 강하게 볶아 쓴맛이 강한 커피를 데미타스에 따라 마신다.

③ 이태리에서 Espresso Bar는 선 채로 Espresso를 즐긴다.

④ 가정에서 많이 사용되는 기구는 융 드리퍼이다.

99. 아일랜드의 커피 음용 문화에 대한 설명으로 맞지 않는 것은?

① 이태리인들의 2배 이상의 커피를 소비한다.

② '아이리시 커피(Irish coffee)'로 유명하다.

③ 아일랜드 위스키를 커피에 곁들어 제조한다.

④ 세계 최고의 유질을 자랑하는 크림을 만든다는 자부심이 대단하다.

100. 손잡이가 있는 금속 용기인 'Cezve(체즈베)'에 질 좋은 커피를 곱게 분쇄하여 넣고 달인 커피를 즐기는 국가는?

① 튀르키예   ② 그리스

③ 이탈리아   ④ 폴란드

로스팅 / 블랜딩 / 그라인딩

 커피 로스팅(Coffee Roasting)

101. 최상의 로스팅을 위해서는 생두의 수확 시기, (   ), 조밀도, 종자, 가공 방법 등 생두의 특성을 파악하는 것이 중요하다. (   )에 맞는 말은?

① 공기 함량   ② 산소 함량

③ 수분 함량   ④ 탄소 함량

102. 로스팅이 길어질수록 변화하는 과정에 대한 설명으로 틀린 것은?

① 생두의 색상은 옅어진다.

② 수분은 증발하고 크기는 팽창한다.

③ 캐러멜 향에서 신향을 거쳐 탄향이 짙어진다.

④ 조직이 다공성으로 바뀌면서 밀도는 반 이하로 감소한다.

103. 로스팅의 원리가 되는 열전달 방식과 거리가 먼 것은?

① 전도(Conduction)　　　　② 대류(Convection)

③ 복사(Radiation)　　　　　④ 직사(Direction)

104. 커피의 향기 성분이 본격적으로 생성되기 시작하는 로스팅 시점은?

① 예열과 생두 투입　　　　② 옐로 시점

③ 1차 크랙　　　　　　　　④ 2차 크랙

105. 커피 로스팅(배전)에 대한 설명으로 맞지 않는 것은?

① 생두에 열을 가하여 볶는 것으로 커피 특유의 맛과 향을 생성하는 공정이다.

② 조직을 최대한 팽창시켜 생두가 가진 여러 성분을 조화롭게 표현하는 일련의
　작업이다.

③ 물리적 화학적 변화를 일으켜 원두의 색상, 맛, 향미 성분들이 제대로 발산하
　도록 하는 과정이다.

④ 이슬람 교도들은 로스팅된 커피를 추출해 마시지 못했다.

106. 로스팅 예열과 생두 투입 과정에 대한 설명으로 옳은 것은?

① 로스터를 사용할 때에는 사용하기 5분 전에 예열을 하면 된다.

② 예열은 낮은 온도로부터 시작하여 약 210℃ 까지 천천히 온도를 올려주는 방
　식으로 진행된다.

③ 생두의 색은 녹색에서 진한 갈색으로 투입과 동시에 급격하게 변화된다.

④ 생두가 단단하고 수분 함량이 많을수록 수분 증발이 빨리 나타난다.

107. 로스팅 정도에 비례해서 감소하여 이들의 함량을 측정하여 배전 정도를 파악하기
도 하는 커피의 성분은?

① 트리고넬린　　　　　　　② 카페인

③ 폴리페놀　　　　　　　　④ 미네랄

108. 커피 로스팅에서 1차 크랙이 발생되는 시점의 온도는?

① 100~120℃ ② 140~160℃

③ 180~195℃ ④ 200~215℃

109. 커피 로스팅에서 2차 크랙이 발생되는 시점에 대한 설명으로 옳지 않은 것은?

① 원두 온도에 의한 열 팽창으로 원두 내부에 있던 이산화탄소가 방출되면서 소리가 나게 되는데 이때를 2차 크랙이라고 한다.

② 2차 크랙 이후부터 오일 성분이 원두의 표면으로 올라오게 된다.

③ 열분해로 인해 탄화된 느낌의 향미가 나타나면서 바디감이 생성된다.

④ 200~230℃에서는 로스팅을 더 강하게 진행시킨다.

110. 로스팅의 물리적 변화에 대한 설명으로 틀린 것은?

① 카페인의 양과 생산지 고유의 특성도 변화된다.

② 크기는 150~180%정도 커지게 된다.

③ 수분 함유량이 12%에서 1% 내외로 줄어 들게 된다.

④ 원두는 그린색에서 검은색으로 변한다.

111. 생두의 로스팅이 진행됨에 따라 감소하게 되는 것은?

① 부피 ② 무게

③ 가용성 성분 ④ 휘발성 성분

112. 생두의 로스팅이 진행됨에 따라 증가하게 되는 것은?

① 무게 ② 밀도

③ 부피 ④ 수분

113. 로스팅 후 성분 변화가 거의 없는 것은?

① 수분   ② 당분

③ 섬유소   ④ 카페인

114. 로스팅 온도가 높아짐에 따라 캐러멜화하여 커피 특유의 쓴맛을 구성하는 성분과 관련이 없는 것은?

① 카페인 등 알칼로이드 물질   ② 클로로겐산 등 폴리페놀류

③ 타닌   ④ 탄수화물

115. 로스팅 과정을 거치며 갈변 반응을 통해 향기 성분으로 변화되는 성분과 관련이 없는 것은?

① 클로로겐산   ② 당분

③ 아미노산   ④ 유기산

116. SCAA 커피 로스팅의 단계별 명칭이 바르게 나열된 것은?

① Light-Medium-High-Cinnamon-City-Full City-French-Italian

② Light-Cinnamon-Medium-High-City-Full City-French-Italian

③ Light-Cinnamon-Medium-Full City-High-City-French-Italian

④ Light-Cinnamon-Full City-French-Medium-High-City-Italian

117. 원두의 색깔은 짙은 갈색이며 에스프레소 커피용의 표준이 되는 로스팅 단계는?

① City Roasting   ② Full City Roasting

③ French Roasting   ④ Italian Roasting

118. 다음 커피 향미 성분 중 로스팅 과정 중에 생성되는 향이 아닌 것은?

① Fruity(과일 향)   ② Caramelly(캐러멜 향)

③ Nutty(고소한 향)   ④ Chocolaty(초콜릿 향)

119. 직화식 로스터기에 대한 설명으로 옳은 것은?

① 뜨거운 공기가 드럼의 뒷부분을 통해 가하여 볶는 방식이다.

② 로스터의 개성을 발휘하기 힘들다.

③ 생두의 겉은 익고 내부는 잘 안 익는 경우가 발생되기 쉽다.

④ 공기 흐름과 열량을 조절하는 댐퍼의 조절은 필요 없다.

120. 미디엄 로스팅 단계에 대한 설명으로 맞지 않는 것은?

① 1차 크랙이 일어난 후 2차 크랙이 일어나기 전까지의 로스팅 단계이다.

② 밝은 갈색 또는 밤색을 띠며 쓴맛이 생성되기 시작한다.

③ 프렌치 로스트라고도 한다.

④ 부드러우면서도 신맛, 단맛, 약한 쓴맛을 적절히 느낄 수 있다.

121. 커피 로스터기의 종류와 관계없는 것은?

① 직화식 로스터기   ② 열풍식 로스터기

③ 반열풍식 로스터기   ④ 찜식 로스터기

122. 다음 향기 중에서 배전도가 가장 높은 단계에서 생성되는 향기는?

① 볶은 곡류 향기(malty)   ② 물엿 향기(syrup-type)

③ 캔디 향(candy-type)   ④ 초콜릿 향기(chocolate-type)

123. 로스팅 8단계 분류 중 프렌치 로스트(French roast)에 해당되는 SCAA 단계별 명칭은?

① Dark roast   ② Moderately dark roast

③ Medium roast   ④ Very dark roast

124. 커피를 로스팅할 때 열분해 과정에서 나타나는 현상은?

① 유리수의 기화 　　　　　② 밀도의 상승

③ 향미의 생성 　　　　　　④ 급격한 온도 하락

125. 커피를 배전(Roasting)하는 이유로 적절하지 않는 것은?

① 커피 특유의 맛과 향을 얻기 위하여

② 커피 추출 가용 물질의 증가를 통한 커피 추출을 용이하게 하기 위하여

③ 오랜 기간 보관하기 위하여

④ 커피의 독특한 색을 얻기 위하여

 커피 블렌딩(Coffee Blending)

126. 세계 최초의 블렌딩 커피는?

① 모카-자바 　　　　　　　② 모카-슈프리모

③ 모카-만델링 　　　　　　④ 모카-예가체프

127. 블렌딩에서 개성이 약한 '중성'의 성격을 띠는 생두 산지가 아닌 것은?

① 탄자니아 　　　　　　　　② 브라질

③ 멕시코 　　　　　　　　　④ 니카라과

128. 커피 블렌딩에 대한 설명으로 적절하지 않는 것은?

① 각각의 원두가 지닌 특성을 적절하게 배합하여 균형 잡힌 맛과 향을 만들어 가는 과정이다.

② 단종(스트레이트) 커피보다는 맛과 향이 덜 좋다.

③ 각기 다른 원두의 개성과 향미가 서로 잘 어우러지도록 한다.

④ 창조적이고 안정적인 맛을 내도록 하는 것이다.

129. 다음 중 블렌딩(Blending)을 하는 이유가 아닌 것은?

① 새로운 맛과 향을 창조하기 위해

② 단종 커피의 특성을 최대한 살리기 위해

③ 질 낮은 커피의 맛과 향을 향상시키기 위해

④ 차별화된 커피를 만들기 위해

130. 로스팅 전 블렌딩에 대한 설명으로 거리가 먼 것은?

① 기호에 따라 미리 정해 놓은 생두를 혼합한 후 로스팅을 진행한다.

② 로스팅을 여러 번 진행해야 하는 단점이 있다.

③ 블렌딩된 원두의 색이 균형적이다.

④ 정점 로스팅 정도를 결정하기 어려운 단점이 있다.

131. 커피 블렌딩에 대한 설명과 거리가 먼 것은?

① 최초의 블렌딩 커피는 인도네시아 자바 커피와 예멘, 에티오피아의 모카 커피를 혼합한 모카 자바(Mocha-Java)로 알려져 있다.

② 고급 아라비카 커피는 스트레이트(Straight)로 즐기는 것이 보통이다.

③ 품종에 따라 혼합 비율을 달리하면 새로운 맛과 향을 가진 커피를 만들 수 있다.

④ 질이 떨어지는 커피는 블렌딩을 통해 향미가 조화로운 커피로 만들 수 없다.

132. 블랜딩을 위해서 분석해야 할 산지별 원두의 특성으로 거리가 먼 것은?

① 스크린 사이즈와 밀도

② 함수율과 수확 연도

③ 카페인 성분

④ 향기, 맛, 바디감 등 커피 본연의 맛과 향에 대한 데이터 자료

133. 블렌딩의 3대 법칙과 거리가 먼 것은?

① 안정된 품질을 기본으로 삼는다.

② 생두의 성격을 잘 알고 있어야 한다.

③ 맛이 좋은 원두끼리만 섞는다.

④ 개성이 강한 것을 우선으로 한다.

134. 커피 블렌딩의 방법에 대한 설명으로 맞지 않는 것은?

① 생두의 원산지, 생산 년 수, 함수율, 크기, 밀도 등을 꼭 확인해야 한다.

② 원산지 명칭을 사용하는 경우 베이스가 되는 원두는 적어도 30% 이상 섞어 주어야 한다.

③ 블렌딩 후 안정되고 지속 가능한 맛과 향을 지향하는 것이 중요하다.

④ 유사한 맛과 향을 가진 원두끼리 배합한다.

135. 로스팅 후 블렌딩에 대한 설명으로 거리가 먼 것은?

① 각각의 생두를 로스팅한 후 블렌딩하는 방법이다.

② 각 생두가 가진 최상의 맛과 향을 내는 로스팅 포인트로 배전된 원두를 사용할 수 있다는 장점이 있다.

③ 혼합되는 가짓수만큼 일일이 로스팅을 해야 하는 단점이 있다.

④ 블렌딩 커피의 색이 균일한 특성이 있다.

136. 다음의 내용에 해당하는 것을 고르시오.

> • 서로 다른 원두를 혼합하여 새로운 맛과 향을 지닌 커피를 창조해낸다.
> • 커피의 특정한 맛과 향을 이끌어 낼 수 있다.
> • 커피의 품질을 일정하게 유지할 수 있다는 장점이 있다.

① Flavor   ② Cupping

③ Blending   ④ Froth

137. 다음의 (   )에 들어갈 말로 맞는 것을 고르시오.

> (   ) 맛과 향을 가진 원두끼리 배합하면 특색이 없어지므로 베이스가 되는 원두와 산미가 (   ) 원두를 블렌딩하는 것이 커피의 맛과 향을 복잡 다양하게 표현할 수 있다.

① 유사한, 풍부한　　　　② 유사한, 약한
③ 다른, 약한　　　　　　④ 다른, 풍부한

138. 향미에 따른 블렌딩 비율에서 '신맛과 향기로운 맛'을 내는 가장 널리 알려진 블렌딩 비율의 (   )에 들어갈 원두 이름은?

- (   ) 40%　　　　• 멕시코 20%
- 브라질 산토스 20%　　　• 예멘 모카 20%

① 탄자니아 킬리만자로　　② 콜롬비아 엑셀소
③ 인도네시아 자바　　　　④ 엘살바도르

 커피 그라인딩(Coffee Grinding)

139. 에스프레소용 커피의 크기에 대한 설명이다. 틀린 것은?

① 분쇄 커피의 굵기는 추출 시간과 밀접한 관계가 있다.
② 흐린 날은 기준보다 조금 굵게 갈아 준다.
③ 밀가루보다 굵게 설탕보다 가늘게 분쇄하는 것이 일반적 기준이다.
④ 일반적으로 에스프레소용 커피를 가장 굵게 간다.

 정답 133 ③ 134 ④ 135 ③ 136 ③ 137 ① 138 ② 139 ④

129 ·

140. 그라인딩 적정 시점으로 맞는 것은?

① 추출 1개월 전 　　　　　② 로스팅 직후

③ 추출 일주일 전 　　　　　④ 추출 직전

141. 다음은 무엇에 대한 설명인가?

> • 커피의 표면적을 최대한 넓혀서 커피 추출이 잘 일어날 수 있도록 형태를 바꾸는 과정이다.
> • 물과 닿는 접촉면을 늘려주기 위해 각각의 추출 방법에 적합하게 작은 조각(가루)으로 분쇄하는 것이다.

① Roasting 　　　　　② Grinding

③ Cupping 　　　　　④ Blending

142. 충격식 그라인더(Impact Grinder)에 대한 설명으로 맞지 않는 것은?

① 몇 쌍의 칼날이 고속으로 회전하며 충격을 가해 분쇄한다.

② 업소용으로 많이 사용된다.

③ 고른 분쇄가 어렵고 열 발생률이 높다.

④ 보통 제작이 쉽고 크기가 작으며 가격이 저렴하다.

143. 분쇄 커피 입자의 크기를 결정하는 데 가장 중요한 고려 사항은?

① 추출에 걸리는 시간 　　　　　② 원두의 종류

③ 커피의 로스팅 정도 　　　　　④ 날씨

144. 원두 통(Hopper)을 주기적으로 청소해야 하는데 그 주된 이유는 무엇인가?

① 실버 스킨 관리 　　　　　② 커피 오일 제거

③ 온도 유지 　　　　　④ 습도 유지

145. 핸드 밀(Hand Mill) 그라인더에 대한 설명으로 적절하지 않는 것은?

① 커피 추출 기구에 따라 입자 크기를 조절할 수 없다.

② 맷돌의 원리를 이용한 것이다.

③ 원두를 투입한 후 손잡이를 돌리면 원두가 분쇄되어 서랍으로 떨어진다.

④ 분쇄하는 데 시간이 오래 걸린다.

146. 그라인딩(분쇄)과 추출 시간 및 맛의 관계에 대한 설명으로 거리가 먼 것은?

① 물과 커피 가루가 만나는 시간에 따라서 향미가 달라진다.

② 추출 시간이 길어질수록 좋은 향과 맛은 감소하고, 불쾌한 맛과 쓴맛이 증가
한다.

③ 원두가 잘게 분쇄될수록 추출 시간은 짧아진다.

④ 추출 시간이 너무 짧은 경우 커피의 화학 물질들이 충분히 녹아나오지 않아
커피의 향미를 느낄 수 없게 된다.

147. 커피 추출 방식에 따른 분쇄 입자가 큰 순서대로 맞게 나열된 것은?

① 프렌치프레스 > 핸드드립 > 사이폰 > 모카포트 > 에스프레소

② 프렌치프레스 > 모카포트 > 사이폰 > 핸드드립 > 에스프레소

③ 프렌치프레스 > 에스프레소 > 사이폰 > 핸드드립 > 모카포트

④ 핸드드립 > 모카포트 > 사이폰 > 프렌치프레스 > 에스프레소

148. 주로 카페, 커피 전문점에서 많이 사용되고 있으며 아주 미세한 분쇄를 일정하고
빠르게 할 수 있는 그라인더는?

① 커팅식 그라인더　　　　② 핸드 밀

③ 전동식 그라인더　　　　④ 수동식 그라인더

149. 간격식 그라인더(Gap Gridner)에 대한 설명으로 맞지 않는 것은?

① 일정한 간격을 두고 칼날이 돌아가는 원리로 그 사이로 통과시켜 원두를 분쇄하는 방식이다.

② 코니컬 버(Conical Burr)형은 열 발생률이 적고 분쇄 입자가 균일하다.

③ 플랫 버형에서 커팅 방식은 드립용 원두 분쇄에 많이 사용된다.

④ 플랫 버(Flat Burr)형은 아래쪽 칼날이 회전하며 위쪽 칼날과 맞물려 원두를 분쇄한다.

150. 전동식 그라인더 관리에 대한 설명으로 적절하지 않는 것은?

① 호퍼는 매일 마른 수건으로 닦아서 지방과 기름기를 제거해 주어야 한다.

② 분쇄 날, 도징 컨테이너, 토출구를 매일 털어 주어야 하기 때문에 브러시는 무척 중요하다.

③ 그라인더 날을 최적의 상태로 유지시켜 고품질의 그라인딩으로 더 높은 생산성을 가질 수 있도록 하고, 과열되지 않도록 한다.

④ 일반적으로 플랫 분쇄 날의 경우 영구적으로 교체의 필요성이 없다

커피의 성분과 향미 평가

151. 커핑 방법의 첫 단계인 원두 고르기에서 원두는 어느 로스팅 정도를 사용하는가?

① Light   ② Medium

③ City   ④ French

152. 다음의 ( )에 들어갈 말로 맞는 것을 고르시오.

( )이란 커피 테이스팅(Coffee Tasting)이라고도 하며 커피의 본질적인 향미(Flavor), 즉 향(Aroma)과 맛(Tadte)의 특성을 체계적으로 평가하여 커피를 감별하거나 맛에 대한 등급을 매기는 것이다.

① Cupping   ② Roasting

③ Blending   ④ Grinding

153. 커퍼(Cupper)에 대한 설명으로 틀린 것은?

① 산지 커피의 특성을 판단하기도 한다.

② 커피를 즐겨 마시는 사람을 말한다.

③ 커피의 맛과 향미를 감별하는 사람이다.

④ 커피 감별사라고 부르기도 한다.

154. 다음 중 SCAA 커핑(Coffee Cupping) 중 평가하지 않는 항목은?

① 밸런스(Balance)   ② 후미(Aftertaste)

③ 쓴맛(Bitterness)   ④ 커피 향기(Fragrance/Aroma)

155. 커핑을 하는 목적에 대한 설명으로 맞지 않는 것은?

① 커피의 품질을 평가하고 커피 맛의 객관성을 찾기 위함이다.

② 산지에서 생산된 생두의 등급을 평가하고 적정한 가격을 책정하기 위함이다.

③ 커피업계에서는 추출된 커피의 맛을 설명하기 위함이다.

④ 커피 공급자들과 의사소통의 기회를 막기 위함이다.

정답 149 ③ 150 ④ 151 ① 152 ① 153 ② 154 ③ 155 ④

156. 다음의 (   )에 들어갈 말을 고르시오.

> 커피 산업계에서는 커피의 특성을 평가하여 구매 결정을 내리고 일관성을
> 확인하기 위해 (   )을 진행하고 있으며 (   )은 어디에서
> 나 사용하고 이해할 수 있는 표준화된 방법과 용어를 사용하고 있다.

① 커핑   ② 그라인딩

③ 블렌딩   ④ 로스팅

157. 커핑(Cupping)에 대한 설명으로 적절하지 않는 것은?

① 커피를 감별하거나 맛에 대한 등급을 매기는 것이다.

② 커피 테스팅이라고도 한다.

③ 로스팅, 블렌딩에 대한 추출 테스트와는 관련이 없다.

④ 향과 맛의 특성을 체계적으로 평가하여 커피를 감별하기도 한다.

158. 커핑 시 주의할 사항에 대한 내용과 다른 것은?

① 로스팅한 원두는 신선할수록 좋다.

② 원두 분쇄는 드립용보다 조금 가늘게 분쇄한다.

③ 물을 붓기 전에도 커핑 컵에 코를 넣고 깊게 냄새를 맡는다.

④ 마셔보기 할 때 절대로 소리를 내서는 안 된다.

159. 다음 중 SCAA 커핑(Coffee Cupping) 평가 항목은?

① Nutty   ② Smoky

③ Body   ④ Choclate

160. 커핑에서 '맛과 향(Flavor)' 평가 항목이 아닌 것은?

① 강도(Intensity)   ② 균형감(Balance)

③ 퀄리티(Quality)   ④ 복합성(Complexity)

161. 커핑 폼에서 어느 항목에 대한 설명인가?

> 커피액이 입에 닿는 촉감이다. 선호도 및 강도에 의해 평가되며 입에 가득 차는 느낌, 미끌미끌한 느낌, 몽글몽글한 느낌 등이 있다. 커피의 매끄러움과 점착성을 평가한다.

① 후미(Aftertaste) ② 촉감(Body)

③ 깨끗함(Clean cup) ④ 균형감(Balance)

162. 커핑 '평가 점수와 등급 구분' 표에서 (   )에 맞는 것은?

총점 구간	등급 구분
95~100	super premium specialty
90~94	premium specialty
85~89	( )
80~84	premium
75~79	usual good quality
70~74	average quality

① outstanding ② exemplary

③ very good ④ specialty

163. 커핑 과정에서 슬러핑(Slurping)에 대한 설명으로 맞지 않는 것은?

① 스키밍 후 적정 온도가 될 때까지 기다린 후 커피 테이스팅을 한다.

② 스푼으로 커피를 떠서 코로는 향을 맡으면서 동시에 입안으로 마신다.

③ 스러핑은 스푼으로 떠서 천천히 마시는 것을 말한다.

④ 동시에 두 가지 동작을 하기 때문에 소리가 요란스럽다.

164. 커핑 평가 항목에 대한 설명으로 (   )에 들어갈 말을 고르시오.

> 커피에서 (   )은 산뜻한 (   )(Brightness)과 시큼하고 자극적인
> (   )(Sour)으로 구별된다. 커피의 생기, 단맛, 신선한 과일의 특징을
> 살아나게 한다. (   )은 처음 흡입했을 때 선호도, 강도 등으로 평가한
> 다. Intensity 항목에 5점부터 표기한다.

① 신맛   ② 단맛

③ 쓴맛   ④ 떫은맛

165. 커핑 과정의 순서가 바르게 된 것은?

① 원두 고르기-그라인딩-브레이킹-물 붓기-향미 체크-슬러핑-스키밍

② 원두 고르기-그라인딩-향미 체크-물 붓기-브레이킹-스키밍-슬러핑

③ 원두 고르기-그라인딩-브레이킹-물 붓기-향미 체크-스키밍-슬러핑

④ 원두 고르기-그라인딩-향미 체크-물 붓기-브레이킹-슬러핑-스키밍

 커피의 맛과 향

166. 커피의 향미를 평가하는 순서로 가장 적당한 것은?

① 향기-맛-촉감   ② 색깔-촉감-맛

③ 촉감-맛-향기   ④ 맛-향기-촉감

167. 커피의 향 종류와 특성에 대한 연결이 잘못된 것은?

① Fragrance - 분쇄된 커피의 향기

② Aroma - 분쇄된 커피에 물을 부어 적실 때 올라오는 향기

③ Nose - 로스팅 단계에서 느끼는 향기

④ Aftertaste - 삼키고 난 뒤 남는 여운의 향기

168. 맛있는 커피 음용의 4가지 조건에 대한 설명으로 적절하지 못한 것은?

① 원두의 품질
② 원두의 신선도
③ 물의 무기질량
④ 커피의 온도

169. 커피의 신맛을 표현하는 용어가 아닌 것은?

① 프룻티(Fruity)
② 와인니(Winey)
③ 샤워리(Soury)
④ 어시더티(Acidity)

170. 커피의 기본 맛(미각) 4가지에 들어가지 않는 것은?

① 쓴맛(Bitterness)
② 탄맛(Carbony)
③ 단맛(Sweetness)
④ 짠맛(Saltiness)

171. 커피의 기본 맛 4가지에서 산화칼륨의 영향으로 느껴지는 맛은?

① 쓴맛(Bitterness)
② 단맛(Sweetness)
③ 신맛(Sourness)
④ 짠맛(Saltiness)

172. 커피에 쓴맛을 부여하는 알칼로이드 물질은?

① 테오브로민
② 나린진
③ 휴물론
④ 카페인

173. 당질이 로스팅 과정 중에 화학 변화하여 생성되는 물질, 카페인 등이 원인인 맛은?

① 쓴맛(Bitterness)
② 단맛(Sweetness)
③ 신맛(Sourness)
④ 짠맛(Saltiness)

174. 커피 맛을 표현하는 용어 중 향기로 지각할 수 있는 용어의 총칭으로 사용되는 것은?

① Aroma   ② Bouquet

③ Flavor   ④ Fragrance

175. 효소 작용(Enzymatic)이 생성 원인인 커피 향기 종류가 아닌 것은?

① Flowery   ② Fruity

③ Chocolaty   ④ Herby

176. 커피의 맛과 향을 평가하거나 표현하는 용어이다. 어떤 용어에 대한 설명인가?

- 강한 로스팅 커피에서 느껴지는 맛
- 일부 탄 원두 때문에 많이 느껴지는 맛
- 아메리카노에서 쉽게 느낄 수 있는 맛

① Carbony   ② Bland

③ Dirty   ④ Earthy

177. 로스팅 시 향 성분의 변화에 대한 설명으로 틀린 것은?

① 처음에는 고소한 향을 띠다가 달달한 향이 추가된 캐러멜 향이 나타난다.

② 조금 더 로스팅을 진행하면 단 향에 쓴 향이 살짝 섞인 초콜릿 향을 나타낸다.

③ 고소한 향이나 캐러멜 향이 느껴지면 강하게 로스팅된 것이다.

④ 단 향과 초콜릿 향이 강하게 느껴지면 중간 정도 볶은 것이다.

178. 커피의 촉각적 느낌(Body)을 표현하는 용어가 아닌 것은?

① 입자감(Earthy)   ② 타는 듯한(Carbony)

③ 수렴감(Astringency)   ④ 부드러움(Smoothness)

179. 로스팅을 오래 진행하면 커피의 후미에서 탄내가 나타나는 순서로 바른 것은?

① 송진 냄새 – 연기 냄새 – 매운 냄새 – 재 냄새

② 송진 냄새 – 매운 냄새 – 연기 냄새 – 재 냄새

③ 송진 냄새 – 재 냄새 – 연기 냄새 – 매운 냄새

④ 송진 냄새 – 연기 냄새 – 재 냄새 – 매운 냄새

180. 로스팅하면서 나타나는 향기는 마이야르 반응과 당 갈변화를 통해서 생성된다. 로스팅 진행 단계별로 변화되는 향기의 순서가 맞는 것은?

① Nutty(고소한 향) – Caramelly(캐러멜 향) – Chocolaty(초콜릿 향)

② Caramelly(캐러멜 향) – Nutty(고소한 향) – Chocolaty(초콜릿 향)

③ Caramelly(캐러멜 향) – Chocolaty(초콜릿 향) – Nutty(고소한 향)

④ Nutty(고소한 향) – Chocolaty(초콜릿 향) – Caramelly(캐러멜 향)

181. 커피의 맛을 표현할 때 입안에 느껴지는 커피 맛의 무게감과 촉감에 대한 용어에 해당하는 것은?

① Aroma   ② Body

③ Flavor   ④ Acidity

182. 커피의 촉감에 대한 설명으로 적절하지 않는 것은?

① 음료를 마시면서 느껴지는 물리적 감각을 말한다.

② 부드러움 정도(Butter, Creamy, Smooth, Watery)와 풍부함 정도(Thin, Medium, Heavy, Thick)를 함께 표현한다.

③ 커피의 바디감은 원두 내의 지방, 고형 침전물 등에 영향을 받지 않는다.

④ 입안에 머금은 커피의 농도, 점도 등을 바디라고 한다.

183. 커피의 촉감(Body)에서 부드러움 정도를 표현하는 용어가 아닌 것은?

① Butter   ② Creamy

③ Smooth   ④ Thick

184. 커피의 촉감(Body)에서 풍부함(고형 성분의 양) 정도를 표현하는 용어가 아닌 것은?

① Free   ② Thin

③ Medium   ④ Heavy

185. 다음 중 커피의 수확과 건조기에서 발생하는 향미 결점이 아닌 것은?

① Rubbery(고무 같은 맛)   ② Green(풀 냄새)

③ Musty(곰팡이 냄새)   ④ Earthy(흙냄새)

186. 다음 중 커피의 저장과 숙성기에서 발생하는 향미 결점이 아닌 것은?

① Grassy(풀 아린 냄새)   ② Strawy(건초 냄새)

③ Hidy(가죽 냄새)   ④ Woody(나무 냄새)

187. 다음 중 커피 로스팅의 캐러멜화 과정에서 발생하는 향미 결점이 아닌 것은?

① Baked(맛이 없어진 향)   ② Tipped(부분적으로 탄향)

③ Scorched(표면이 탄 향)   ④ Fermented(매우 불쾌한 신맛 향)

188. 무엇에 대한 설명인가?

> 입속에 커피를 머금었을 때 느껴지는 맛과 향의 복합적인 느낌으로 '풍부하다' 또는 '빈약하다'고 표현된다.

① Flavor(향미)   ② Rich(풍부한 향미)

③ Nutty(고소한 냄새)   ④ Sour(시큼한 맛)

커피의 성분과 건강

189. 커피의 황산화 성분인 폴리페놀(클로로겐산)과 카페인이 건강에 미치는 긍정적 효과에 대한 설명으로 적절하지 않은 것은?

① 커피로 해소 및 각성 효과

② 이뇨 작용을 통한 노폐물 제거 및 활성산소 제거

③ 우울증 예방 및 치매 예방

④ 혈압 관리가 필요한 질환자에 유리

190. 고혈압이나 당뇨가 있는 사람에게 더 어울리는 커피는?

① 종이 필터를 사용하는 핸드드립 커피

② 융 필터를 사용하는 융드립 커피

③ 금속 필터를 사용하는 콘드립 커피

④ 모카포트로 추출한 커피

191. 카페인 과다 섭취가 건강에 미치는 부정적 영향과 거리가 먼 것은?

① 신체에서 칼슘과 칼륨 등의 손실을 초래한다.

② 신경과민, 흥분, 불면, 불안, 메스꺼움 등이 유발될 수 있다.

③ 어린이의 성장 및 발달에는 별 영향을 미치지 않는다.

④ 위장, 소장, 결장, 내분비계, 심장에 나쁜 영향을 줄 수 있다.

192. 다음 성분 중에서 커피 생두(Green Bean)에 가장 많이 함유되어 있는 성분은?

① 단백질   ② 지방

③ 탄수화물   ④ 무기질

193. 커피에 들어 있는 카페인에 대한 설명으로 맞지 않는 것은?

① 사람의 중추신경계에 작용하여 정신을 각성시키고 피로를 줄이는 등의 자극을 준다.

② 졸음이 달아나고 약간의 긴장감을 느끼게 된다.

③ 이뇨 효과, 다이어트와 노화 방지 효과가 있다.

④ 정신을 흐리게 하고 집중력을 저하시키게 한다.

194. 다음 카페인에 관한 설명 중 틀린 것은?

① 아라비카종에 비해 로부스타종의 커피가 카페인 함유량이 높다.

② 카페인은 낮은 온도에서 잘 녹으며 커피의 쓴맛을 나타낸다.

③ 커피 한 잔에는 일반적으로 60~90㎎의 카페인이 녹아 있다.

④ 에스프레소 커피가 드립 커피보다 카페인 함량이 적게 나온다.

195. 물을 이용한 카페인 추출법에 대한 설명으로 적절하지 않은 것은?

① 브라질에서 1930년대에 개발

② 카페인이 끓는 물에서 잘 녹는 성질을 이용한 것

③ 용매에 직접 접촉시키는 대신 물과 접촉시켜 카페인을 없애는 방법

④ 안전성이 높고 커피 원두가 상대적으로 열에 의한 손상을 적게 받음

196. 어떤 종류의 추출법을 이용한 디카페인 커피의 제조 과정을 설명한 것인가?

- 추출 속도가 빨라 회수 카페인의 순수도가 높다.
- 가장 많이 사용되는 디카페인의 제조 과정이다.
- 안전하고 열에 의한 손상을 적게 받으며 경제적인 방법이다.

① 초임계 추출법　　　　　② 증류 추출법

③ 물 추출법　　　　　　　④ 용매 추출법

197. 디카페인 커피에 대한 설명 중 틀린 것은?

① 커피의 맛에서 차이를 크게 느끼게 된다.

② 카페인 성분을 줄인 커피로 Caffeine Free Coffee라고도 한다.

③ 카페인에 의한 생리작용(불면, 심장, 위장 등에 영향)을 걱정하는 사람에게 적합하다.

④ 디카페인 커피의 국제 기준은 약 97% 이상 카페인이 추출된 커피이다.

198. 생두에 유기 용매를 이용하여 카페인을 추출하는 용매 추출법의 특징이 아닌 것은?

① 유기 용매로서 벤젠, 클로로포름, 트리클로로에틸렌 등이 이용된다.

② 비용이 적게 들지만, 용매의 잔류성 문제로 인하여 안전성에 문제가 있다.

③ 용매 추출법은 카페인 이외의 성분도 추출되는 단점이 있다.

④ 최근에는 안전성을 고려하여 헬륨, 수소, 이산화탄소 등을 액체 상태로 만들어 이용한다.

199. Decaffeinated 커피 생산을 위한 카페인 추출 방법이 아닌 것은?

① 물을 이용한 추출법 ② 용매를 이용한 추출법

③ 초임계 추출법 ④ 증류 추출법

200. 초임계 추출법에 의한 카페인 제거에 대한 설명으로 적절하지 않는 것은?

① 친건강, 친환경 카페인 추출 용매로 이산화탄소를 사용

② 카페인 추출 후 커피콩에 남아 있던 이산화탄소는 커피를 볶는 과정에서 혹은 실온에서 기체로 증발

③ 이산화탄소는 다른 기체와는 달리 용매로 사용해도 독성이 거의 없음

④ 이산화탄소는 추출되는 화학 물질과 분해 반응도 쉽게 일어날 수 있음

핸드메이드 커피 브루잉

201. 다음 (   )에 들어갈 말로 적절한 것은?

> (   )이란 원두를 분쇄한 후 물을 이용하여 커피 성분을 뽑아내는 것
> 을 말한다.

① 커피 분쇄   ② 커피 로스팅
③ 커피 브루잉   ④ 커피 서빙

202. 커피 브루잉에 대한 설명으로 적절하지 않는 것은?

① 원두의 가용 성분을 물로 용해시키고 뽑아내는 것이다.
② 바리스타의 추출 기술은 크게 중요하지 않다.
③ 개성있고 맛있는 커피를 완성시키는 마지막 과정이다.
④ 물을 이용하여 커피 성분을 뽑아내는 것이다.

203. '커피 원두 안에 있는 향미 성분 중 물에 녹아서 나올 수 있는 (   ) 성분
을 뽑아내는 과정이다.' (   ) 안에 맞는 말은?

① 수용성   ② 유지성
③ 미분성   ④ 영양성

204. 커피 추출의 목적을 맞게 설명한 것은?

① 커피의 모든 성분을 최대한 많이 뽑아내는 것
② 잡미를 포함하지 않은 양질의 성분만을 골라내는 것
③ 가는 커피 가루로 장시간 많은 양의 커피를 뽑아내는 것
④ 많은 양의 커피 가루를 사용하여 소량의 진액만을 뽑아내는 것

205. 커피 추출 시간이 길어질 경우 맨 마지막에 추출되는 커피 성분은?

① 단맛 ② 향기 성분

③ 떫은맛 ④ 신맛

206. 다음 (   )에 들어갈 말로 적절한 것은?

> 원두의 가용 성분을 용해시키고 커피 입자 밖으로 용출시키는 방법으로 액체를 뽑아내는 것이 커피의 브루잉이다.

① 기체를 뽑아내는 것 ② 고체를 볶아내는 것

③ 액체를 뽑아내는 것 ④ 액체를 볶아내는 것

207. 커피 추출 시 먼저 추출되는 커피 성분이 아닌 것은?

① 좋은 향기 ② 상큼한 맛

③ 달콤한 맛 ④ 떫은맛

208. 여과식 추출 기구로 볼 수 없는 것은?

① 칼리타 ② 콘드립

③ 융드립 ④ 체즈베

209. 다음은 다양한 추출 방식과 대표적인 추출 기구를 연결한 것이다. 올바르지 않은 것을 고르시오?

① 침출식 – 퍼콜레이터 ② 달임식 – 체즈베

③ 여과식 – 핸드드립 ④ 가압식 – 모카포트

정답 201 ③ 202 ② 203 ① 204 ② 205 ③ 206 ③ 207 ④ 208 ④ 209 ①

210. 침출식 커피 추출의 대표적인 기구는?

① 모카포트   ② 에어로프레스

③ 프렌치프레스   ④ 케멕스

211. (　　　　　)에 들어 갈 말로 맞는 것을 고르시오.

(A)	(B)	(C)
핸드드립	프렌치프레스	모카포트
필터에 걸러서 추출	커피를 담가서 우려냄	압력을 가해서 추출
향미가 풍부, 마일드	맛과 향이 강함	진한 맛과 풍부한 바디감

① A-침출식 B-여과식 C-가압식

② A-가입식 B-침출식 C-여과식

③ A-가압식 B-여과식 C-침출식

④ A-여과식 B-침출식 C-가압식

212. 가압식 커피 추출 기구로 볼 수 없는 것은?

① 모카포트   ② 에어로프레스

③ 프렌치프레스   ④ 에스프레소 머신

213. 동일한 재료를 가지고 개성 있으면서 맛있는 커피를 추출하는 데 영향을 미치는 변수 요소와 거리가 먼 것은?

① 추출 기구   ② 추출자의 나이

③ 추출 방식   ④ 추출자의 테크닉

214. 여과식 커피에 대한 다른 명칭으로 맞지 않는 것은?

① Drip Coffee   ② Filer Coffee

③ Brewing Coffee   ④ Türkiye Coffee

215. 커피의 추출에서 향과 맛을 잘 살리기 위해서 필요한 중요 체크 포인트 요소와 거리가 먼 것은?

① 경수 물의 선택　　　　② 원두의 분쇄도

③ 원두의 선택　　　　　④ 추출 시간

216. 뛰어난 신맛을 즐길 수 있는 커피를 추출하는 데 적당한 로스팅 포인트는?

① Italian Roasting(이탈리안 로스팅 : 최강배전)

② Light Roasting(라이트 로스팅 : 최약배전)

③ High Roasting(하이 로스팅 : 중약배전)

④ Cinnamon Roasting(시나몬 로스팅 : 약배전)

217. 맛있는 커피 추출을 위한 원두 선택 테크닉에 대한 설명으로 적절하지 않는 것은?

① 추출 기구와 방식에 적합한 포인트로 로스팅된 신선한 원두를 선택한다.

② 로스팅된 지 2주를 넘기지 않은 원두를 사용한다.

③ 로스팅 후 가스가 빠지고 숙성되는 1~2시간 정도 지난 원두를 선택한다.

④ 밀봉이 잘 되어 있으며 직사광선을 피하고 서늘한 곳에 보관된 원두를 선택한다.

218. 부드러운 레귤러 커피 추출은 물론 핸드드립 용도의 커피로 많이 사용되는 원두의 로스팅 포인트는?

① Cinnamon Roasting(시나몬 로스팅 : 약배전)

② High Roasting(하이 로스팅 : 중약배전)

③ Full City Roasting(풀 시티 로스팅 : 중강배전)

④ French Roasting(프렌치 로스팅 : 강배전)

정답 210 ③ 211 ④ 212 ③ 213 ② 214 ④ 215 ① 216 ④ 217 ③ 218 ②

219. 커피 추출을 위한 원두 분쇄 테크닉에 대한 설명으로 맞지 않는 것은?

① 굵게 간 원두는 곱게 간 원두보다 물과 접촉할 시간이 적어 신맛이 더 강해진다.

② 원두의 분쇄도는 커피 추출 시간과 관련성이 없다.

③ 원두 분쇄의 균일함이 미분을 줄여 잡미를 제거해준다.

④ 분쇄기의 연속 사용 시간은 짧을수록 좋다.

220. 커피 추출의 이상적인 물의 온도는 몇 도 정도가 가장 좋은가?

① 75~80℃   ② 81~85℃

③ 85~90℃   ④ 88~95℃

221. 맛있는 커피 추출을 위하여 지켜야 할 사항으로 가장 거리가 먼 것은?

① 추출 기구는 청결하게 유지한다.

② 신선한 원두를 사용한다.

③ 깨끗하고 알맞은 온도의 물을 사용한다.

④ 원두는 미리 분쇄된 것을 사용한다.

222. 물 속의 칼슘 성분이 커피 추출에 미치는 영향으로 맞는 것은?

① 커피 안의 향(Aroma)을 보존하는 역할을 한다.

② 커피 맛이 쓰거나 시어지기 쉽게 한다.

③ 맛있는 커피를 만드는 것을 방해하는 역할을 한다.

④ 향미가 가볍고 약해지게 한다.

223. 고깔 모양의 원뿔 형태를 하고 있으며 추출 구멍이 1개이면서 크기가 다양한 핸드 드립퍼는?

① 고노(Kono)   ② 멜리타(Melita)

③ 케멕스(Chemex)   ④ 칼리타(Kalita)

224. 드립식 커피에 대한 설명으로 적절하지 않는 것은?

① 드립식 커피는 오늘날 가장 널리 사용되는 커피 추출 방식이다.

② 기계식으로는 상업용 커피 브루어와 가정용 전기 커피메이커가 있다.

③ 특히 이탈리아에서 애용되고 있다.

④ 핸드드립은 크게 넬(융) 드립과 페이퍼 드립으로 나눌 수 있다.

225. 유분 흡수력이 강하고 미분의 잔여도가 적어지는 필터 방식순으로 옳은 것은?

① 종이-천-금속　　　　　② 천-종이-금속

③ 금속-종이-천　　　　　④ 금속-천-종이

226. 커피 추출 물의 온도가 96도 이상으로 너무 높았을 경우 나타나는 현상은?

① 쓴맛, 단맛, 바디가 감소한다.

② 과다 추출로 쓴맛이 나기 쉽다.

③ 커피의 향미와 바디가 좋다.

④ 과소 추출로 신맛과 떫은맛이 증가한다.

227. 커피를 부드럽게 하고 고소함을 더해 주는 찰떡궁합 부재료는?

① 감미료　　　　　　　　② 우유

③ 초콜릿　　　　　　　　④ 달걀

228. 폴리프로필렌으로 이루어져 있어서 투명하며 환경 호르몬 걱정이 없는 드리퍼는?

① 플라스틱 드리퍼　　　　② 동 드리퍼

③ 내열 유리 드리퍼　　　　④ 도자기 드리퍼

229. 커피 추출 시간이 너무 길면 나타나는 추출 커피의 특성과 관련성이 적은 것은?

① 커피 성분 과다 추출로 진한 커피가 된다.

② 커피 성분 과소 추출로 연한 커피가 된다.

③ 물과 커피 성분의 균형이 깨져 쓴맛이 강해진다.

④ 카페인 함량이 높아진다.

230. 커피 추출 시간이 너무 짧으면 나타나는 추출 커피의 특성과 관련성이 적은 것은?

① 커피 성분의 과다 추출로 진한 커피가 된다.

② 신맛이 강해지고 물맛도 심해진다.

③ 커피 성분이 연한 커피가 된다.

④ 카페인 함량이 낮다.

231. 커피에 넣는 감미료에 대한 설명으로 적절하지 않는 것은?

① 커피에 설탕을 넣으면 쓴맛이 감소하고 카페인과 함께 피로를 회복시키는 기능을 한다.

② 커피 본연의 맛에 덜 영향을 미치게 하려면 백설탕을 넣는다.

③ 커피의 발상지인 아라비아반도에서부터 커피에 설탕을 넣어 마셨다.

④ 진한 단맛이나 감칠맛을 추가하고 싶을 때는 흑설탕을 넣는다.

232. 다음이 설명하는 것은?

- 가격이 저렴하고 예열이 거의 필요 없다.
- 깨질 염려가 도자기 드리퍼에 비해 낮다.
- 투명하기 때문에 커피가 추출되는 것을 지켜볼 수 있다.

① 스테인리스 드리퍼(Stainless Steel Coffee Dripper)

② 동 드리퍼(Copper Coffee Dripper)

③ 내열 유리 드리퍼(Glass Dripper)

④ 플라스틱 드리퍼(Plastic Dripper)

233. 핸드드립 커피에 대한 설명으로 틀린 것은?

① 넬(융)드립은 페이퍼 드립에 비해 부드럽고 걸쭉한 특징이 있다.

② 페이퍼 드립은 깔끔하고 산뜻한 느낌을 준다.

③ 최소한의 찌꺼기와 오일(지방)만이 걸러져 나오기 때문에 풍미를 갖고 있으면서도 깔끔한 맛을 즐길 수 있다.

④ 다른 추출 방식보다 숙련된 기술과 정성이 요구되지 않는다.

234. 커피에 사용되는 향신료에 대한 설명으로 적절하지 않는 것은?

① 각종 향신료는 커피의 맛을 한층 돋워준다.

② 커피 메뉴 중에 흔한 향신료는 시나몬, 민트, 오스파이스, 클로브 등이다.

③ 식물의 꽃, 열매, 껍질, 잎, 뿌리 등 특이한 향신료도 커피에 쓸 수 있다.

④ 향신료는 원두를 분쇄할 때 사용해야 한다.

235. 드리퍼의 종류와 특징에 대한 설명과 거리가 먼 것은?

① 서버 위에 올려놓고 필터의 틀을 잡아주는 도구이다.

② 핸드드립 할 수 있게 해주는 깔대기 모양이다.

③ 제작사에 따라 추출 구멍 수도 다르고 모양과 형태도 다르다.

④ 드리퍼의 재질은 플라스틱 한 가지이다.

236. 여과식 커피에 대한 설명과 거리가 먼 것은?

① 필터에 원두 가루를 놓고 뜨거운 물을 통과시켜 커피를 내리는 방식이다.

② 커피의 찌꺼기를 걸러주지는 못한다.

③ 물을 어떻게 붓느냐에 따라 커피 맛이 달라진다.

④ 드립식 커피라고도 한다.

237. 핸드드립 커피에 대한 설명으로 적절하지 않는 것을 고르시오.

① 필터를 사용하는 필터식 커피와는 연관성이 없다.

② 사람의 손으로 직접 물을 조절해 가면서 추출하는 커피이다.

③ 바리스타의 손맛, 드립 테크닉이 드러나는 추출법이다.

④ 다양한 드리퍼가 있으며 필터는 종이 필터 사용이 많다.

238. 아래의 드리퍼들 중 개발된 지 오래된 순서대로 바르게 나열된 것을 고르시오.

A-하리오   B-칼리타   C-멜리타   D-고노

① A-B-C-D

② C-B-D-A

③ B-C-A-D

④ D-C-B-A

239. 도자기 드리퍼(Ceramic Dripper)에 대한 설명으로 적절하지 않는 것은?

① 열용량이 커서 예열을 해줘야 한다.

② 떨어뜨려도 잘 깨지지 않는다.

③ 커피를 추출할 때 커피의 열을 쉽게 뺏어간다.

④ 예쁘고 오래 사용할 수 있다.

240. 드리퍼 종류별 특징이 맞지 않는 것은?

① 케멕스 – 다른 드리퍼에 비해 더 얇은 종이 필터를 사용

② 하리오 – V60의 의미는 드리퍼의 모양과 각도를 표시

③ 칼리타 – 멜리타를 개량해서 나옴

④ 고노 – 고깔 모양의 원뿔 형태를 하고 있으며 구멍도 큼

여과식 커피 브루잉 실습

241. 다음은 어떤 핸드 드리퍼에 대한 설명인가?

> - 일반적으로 많이 사용하는 타원형 구조의 드리퍼이다.
> - 추출 구멍이 3개이며 물이 필터 안에서 머무는 시간이 짧아 중배전 정도
>   의 원두를 사용하여 가볍고 산뜻한 느낌의 커피를 즐기는 데 적합하다.

① 멜리타(Melita) 　　　　　② 고노(Kono)

③ 케멕스(Chemex) 　　　　④ 칼리타(Kalita)

242. 칼리타(Kalita) 드립에 대한 설명으로 맞지 않는 것은?

① 가는 불술기로 균일하게 3번에 걸쳐 나눠 드립하는 성드립에 석합하다.

② 핸드드립 테크닉이 부족하면 맛이 균일하게 나지 않는다.

③ 칼리타 시리즈는 플라스틱 한 가지 재질만 있다.

④ 종이 필터는 대부분 칼리타 형식을 따르고 있어서 사용이 편리하다.

243. 타원형 형태의 드리퍼에 맞춰 타원형으로 원을 그리면서 핸드드립을 편하게 할 수
있도록 드리퍼의 각도를 맞춘 후 드립 추출을 하는 것은?

① 칼리타 추출 　　　　　② 하리오 추출

③ 케멕스 추출 　　　　　④ 칼리타 웨이브 추출

244. 핸드드립 추출을 위한 준비물과 관련이 없는 것은?

① 드리퍼   ② 여과지

③ 모카포트   ④ 드립용 주전자

245. 하리오V60 커피 추출의 특징에 대한 설명으로 맞지 않는 것은?

① 현대적인 스페셜티 커피 추출의 대표격 드리퍼로 사용되고 있다.

② 물 빠짐과 가스 배출이 매우 느린 것이 특징이다.

③ 커피의 잡맛을 유발하는 타닌 등이 최소한으로 추출된다.

④ 독하지 않고 부드러운 커피가 추출되어 클린 컵에서 강점을 보인다.

246. 추출 속도가 빨라 산미가 강한 약배전 원두를 사용하면 클린 컵 커피 추출 성향이 좋은 핸드드립 추출 방식은?

① 칼리타 웨이브 추출   ② 멜리타 추출

③ 고노 추출   ④ 하리오V60 추출

247. 쓴맛이 추출되기 전에 추출이 끝날 정도로 추출 속도가 빨라 쓴맛이 적은 아이스커피 만들기에 매우 유리한 핸드드립 커피 추출은?

① 칼리타 추출   ② 하리오V60 추출

③ 고노 추출   ④ 멜리타 추출

248. 칼리타 웨이브 핸드드립 추출의 '뜸들이기 표준 레시피'에서 (   )에 들어갈 말로 맞는 것은?

• 원두 양 : 20	• 온수량 : 40㎖	• 뜸들이기 시간 : ( )

① 약 10초   ② 약 20초

③ 약 40초   ④ 약 1분

249. 카페의 신입 직원이라도 물량과 추출 시간만 지킨다면 깔끔하고 부드러우면서 균일한 맛의 커피를 추출할 수 있게 해주는 드리퍼는?

① 멜리타 추출　　　　　　　　② 칼리타 웨이브 추출

③ 고노 추출　　　　　　　　　④ 하리오V60 추출

250. 하리오V60 핸드드립 커피 추출 시 어떤 과정에 대한 설명인가?

> • 커피 가루가 충분히 부풀어 오르고 표면이 갈라지면서 가스가 배출될 때까지 기다린다.
> • 커피 입자가 물을 흡수하면서 커피의 수용성 성분이 용해되는 과정이다.

① 뜸들이기　　　　　　　　　② 1차 추출하기

③ 2차 추출하기　　　　　　　④ 3차 추출하기

251. 칼리타 웨이브(Kalita Wave) 드리퍼 커피 추출에 대한 설명으로 적절하지 않은 것은?

① 칼리타 클래식이 가진 여러 단점을 해결하기 위해 새로 만든 드리퍼이다.

② 드리퍼의 가로 주름은 물 배출 속도를 일정하게 맞춰주는 역할을 한다.

③ 초보자는 쉽게 훌륭한 결과물을 얻을 수 없다.

④ 주름진 전용 필터를 통해 비교적 균일한 맛의 커피를 추출할 수 있다.

252. 콘드립(Cone Drip) 커피의 특징과 다른 것은?

① 융드립 커피의 맛과 향을 비슷하게 즐길 수 있다.

② 콘 필터는 금속 재질(스테인리스 스틸이나 티타늄 등)이다.

③ 종이 필터보다 더 미분을 잘 걸러내 깔끔한 커피가 추출된다.

④ 융 필터처럼 유분의 커피 오일이 같이 추출되어 바디감이 좋다.

253. 다음 내용에서 (   ) 안에 들어갈 말로 맞는 것은?

> 융드립 커피가 맛있는 이유는 커피의 바디감을 구성하는 원두의 (   )
> 이 페이퍼 필터에서는 흡착되거나 통과하지 못하는 반면 융은 상대적으로
> 커피의 (   )이 쉽게 통과할 수 있고 불필요한 잡맛을 걸러 주기 때
> 문에 깔끔하면서도 원두가 가진 진한 향미와 바디감을 느낄 수 있다

① 미분 성분   ② 유분 성분
③ 맛 성분   ④ 향기 성분

254. 칼리타 웨이브 드리퍼의 '웨이브 존'에 대한 설명과 거리가 먼 것은?

① 드리퍼 바닥의 Y자 돌기로 드리퍼와 필터 사이에 간격이 생기는 공간을 말한다.
② 웨이브 존으로 커피 성분이 추출되는 시간이 늘어나 과소 추출을 방지한다.
③ 추출 과정에서 커피 성분이 섞여서 맛의 편차를 줄여준다.
④ 전문 바리스타가 아니면 안정적이며 동일한 맛의 커피 추출이 불가능하다.

255. 융드립(Flannel Drip)에 대한 설명으로 적절하지 못한 것은?

① 드리퍼와 서버가 일체형으로 된 드립 세트만 사용해야 한다.
② 직물 종류인 플란넬 필터를 사용한다.
③ 튀르키예식 체즈베 커피의 미분을 걸러내기 위해 프랑스에서 처음 시작된 필
　 터 드립법이다.
④ 융드립이 핸드드립의 시초라고 할 수 있다.

256. 핸드드립 추출 절차에 대한 설명으로 적절하지 않는 것은?

① 88~95도의 온수를 포트에 담아 가는 줄기로 중심부터 붓기 시작한다.
② 부풀어 오르고 가스가 빠지는 시간 동안(30초 전후) 뜸을 들인다.
③ 온수를 커피 가루에 골고루 스며들도록 회전시키면서 붓는다.
④ 드립할 때 종이 필터에 물이 직접 닿도록 한다.

257. 융 필터(Flannel Filter)의 관리에 대한 내용으로 맞지 않는 것은?

① 직물 소재로 된 융은 여러 번 사용하기 때문에 철저히 관리하지 않으면 천 자체에 커피 찌꺼기나 이외의 냄새가 배어 사용할 수 없게 된다.

② 사용할 때는 매번 세심하게 세척한 후 정수에 담아 보관해야 한다.

③ 천을 꼭 짜서 밀봉한 다음 냉장고에 보관하기도 한다.

④ 햇빛에 바짝 말리면 천이 손상되지도 않으면서 영구적으로 사용할 수 있다.

258. 다음은 어떤 핸드 드리퍼에 대한 설명인가?

- 페이퍼 드립과는 달리 몇 번이고 반복 사용이 가능하다.
- 커피 오일이 다량으로 추출되기 때문에 바디감이 풍부하며 진하고 향이 풍부한 커피를 즐기는 데 용이하다.

① 멜리타(Melita) 　　　　② 융(Nell)
③ 고노(Kono) 　　　　　② 칼리타(Kalita)

259. 케멕스(Chemex)에 대한 설명으로 맞지 않는 것은?

① 케멕스 커피메이커는 드리퍼와 서버 일체형으로 되어 있다.

② 케멕스는 한 가지 시리즈 모델만 있다.

③ 케멕스는 내열성이 뛰어난 붕규산 유리를 사용하여 만들었다.

④ 세계 유명 박물관에 전시될 만큼 아름다운 디자인을 가지고 있다.

260. 일반 필터에 비해 두꺼운 종이 필터를 사용하기 때문에 추출되는 물의 양과 상관없이 거의 일정한 커피 추출 시간이 유지되는 커피 추출 기구는?

① 융드립 　　　　　　② 하리오 드립
③ 케멕스 　　　　　　④ 모카포트

정답　253 ② 254 ④ 255 ① 256 ④ 257 ④ 258 ② 259 ② 260 ③

261. 다음 내용은 어떤 드립 커피에 대한 특징을 설명한 것인가?

> • 종이 필터와는 다르게 유분(기름)이 완전히 걸러지지 않으며 미세하게 커피 가루(미분)와 커피 오일이 같이 추출된다.
> • 융드립으로 내린 커피처럼 풍부한 바디감과 원두가 가진 개성을 맛볼 수 있다.

① 멜리타(Melita)　　　　　　② 케멕스(Chemexl)

③ 고노(Kono)　　　　　　　　④ 콘(Cone)

262. "콘드립 커피는 융드립으로 내린 커피의 풍부한 바디감과 원두가 가진 개성을 맛볼 수 있다. 반면 (　　　　　)에 비해 미분이 덜 걸러지고 쓴맛이 조금 더 강하다." 에서 (　　　　　)에 들어 갈 말은?

① 금속 필터　　　　　　　　② 도자기 필터

③ 종이 필터　　　　　　　　④ 티타늄 필터

263. 케멕스(Chemex)에 대한 설명으로 거리가 먼 것은?

① 다른 핸드드립 도구에 비해 두꺼운 필터를 사용해 깔끔한 맛을 살리는 것이 특징이다

② 뛰어난 기능과 세련된 디자인으로 오랜 연구와 실험을 거쳐 탄생한 과학적인 커피 추출 도구이다.

③ 사용과 보관이 일반 핸드드립 도구보다 어렵다.

④ 일반 핸드드립 도구와 달리 드리퍼와 드립 서버가 일체형이다.

264. 분쇄한 원두를 상온이나 차가운 물에 장시간 우려내 쓴맛이 덜하고 부드러운 풍미를 느낄 수 있는 커피 추출에 대한 용어로 맞지 않는 것은?

① 콜드브루(Cold Brew)　　　② 더치커피(Dutch Coffee)

③ 워터드립(Water Drip)　　　④ 융드립(Nell Drip)

265. 다음 내용에서 (   ) 안에 들어갈 말로 맞는 것은?

> 케멕스는 (   )이라 불리는 단 하나의 리브 겸 배출구가 있다. 드리퍼의 다른 부분에서는 필터와 드리퍼가 완전히 밀착하여 외부 공기는 차단된다. 따라서 분쇄 원두 내부의 공기는 하나의 통로로 빠져 나가 하단부에는 오직 순수한 커피만이 온전한 향을 간직한 채 보관된다.

① 에어 채널 　　　　　　　　② 오일 채널

③ 상부 채널 　　　　　　　　④ 하부 채널

266. 4면으로 접힌 케멕스 필터의 1면 사이를 벌린 후 세 겹으로 접힌 부분이 에어 채널 쪽을 향하게 본체에 넣어 세팅하는 이유로 맞는 것은?

① 세팅된 모습이 보기에 좋도록 하기 위해서

② 추출 도중에 필터가 흔들리지 않도록 하기 위해서

③ 유명 바리스타들이 하는 것을 따라 하기 위해서

④ 필터가 내려앉지 않으며 배출구가 확보되는 효과를 위해서

267. 콜드브루 추출 방식에 대한 다음 설명에서 (   ) 안에 들어갈 말로 맞는 것은?

> (   )은 용기에서 우려낸 커피가 한 방울씩 떨어지게 하는 방식으로, 이 때문에 콜드브루(더치커피)를 '커피의 눈물'이라 부르기도 한다.
> (   )은 용기에 분쇄한 원두와 물을 넣고 10~12시간 정도 실온에서 숙성시킨 뒤 찌꺼기를 걸러내 원액을 추출하는 방식이다.

① 점적식, 침출식 　　　　　　② 드립식, 여과식

③ 침출식, 점적식 　　　　　　④ 여과식, 드립식

268. 콜드브루 커피에 대한 설명으로 맞지 않는 것은?

① 차갑다는 뜻의 '콜드(Cold)'와 끓이다, 우려내다는 뜻의 '브루(Brew)'의 합성어
   이다.

② 더치커피는 독일풍(Dutch)의 커피라 하여 붙여진 일본식 명칭이다.

③ 인도네시아 자바 섬에서 커피를 운반하던 네덜란드인들에 의해 고안된 커피
   로 알려져 있다.

④ 콜드브루는 '커피의 눈물'이라는 별칭을 갖고 있다.

269. 콜드브루(더치커피)로 추출된 커피의 특징에 대한 설명으로 적절하지 않는 것은?

① 에스프레소에 비해 카페인 함량은 낮은 편이다.

② 건강에 더 이롭다고 알려진 황산화 물질(폴리페놀)의 함량이 높다.

③ 추출된 커피는 숙성의 필요성이 없고 상온에 두고 마셔도 된다.

④ 쓴맛이 덜하며 순하고 부드러운 풍미를 느낄 수 있다.

침출식 가압식 커피 브루잉 실습

270. 핸드메이드 커피 추출의 방식으로 맞지 않는 것은?

① 달임식   ② 볶음식

③ 여과식   ④ 가압식

271. 다음 중 커피를 추출하는 방식 중 Boiling법에 해당하는 것은?

① 에스프레소   ② 콜드브루

③ 프렌치프레스   ④ 체즈베

272. 침출식 커피 추출에 대한 설명으로 적절하지 않는 것은?

① 원두 가루를 물에 담가서 우려내는 원리이다.

② 일관된 맛의 재현성이 뛰어난 편이다.

③ 선명한 향미를 구현하기는 어려운 단점이 있다.

④ 대표적인 침출식 추출 도구로는 모카포트가 있다.

273. 다음은 어떤 추출 방식에 대한 설명인가?

압력을 가해 커피를 추출하는 것으로 가장 진한 커피를 추출할 수 있다.

① 달임식   ② 여과식

③ 가압식   ④ 침출식

274. 가압식 커피 추출에 대한 설명으로 적절하지 않는 것은?

① 가압식 커피 추출의 대표적인 기구는 클레버이다.

② 압력을 가해 커피를 추출하는 것이다.

③ 짙은 향과 진한 커피가 추출된다.

④ 짧은 순간에 추출되어 카페인 함량은 적게 추출된다.

275. 체즈베 커피에 대한 설명으로 맞지 않는 것은?

① 튀르키예식 커피(Türkiye Coffee)는 체즈베(Cezve)라는 기구를 이용한다.

② 미세하게 갈린 커피 가루를 물과 함께 체즈베에 넣은 다음 반복적으로 끓여 내는 방식이다.

③ 세계에서 가장 오래된 추출법이자 원초적인 추출법이라고 할 수 있다.

④ 체즈베 커피는 걸쭉하게 죽처럼 끓여서 스푼으로 떠서 먹는다.

276. (   )에 들어갈 말로 맞는 것은?

> 튀르키예식 커피는 (   )라는 기구를 이용한다.

① 사이폰   ② 케멕스
③ 체즈베   ④ 퍼콜레이터

277. 프렌치프레스의 특징과 추출 방식에 대한 설명으로 맞지 않는 것은?

① 커피 추출 외에도 차를 우릴 때도 사용되며 카푸치노와 같은 거품이 올려져 있는 커피를 만들 때 우유 거품을 내는 용도로도 활용 되고 있다.
② 복잡한 구조체여서 여행 중에 사용하는 데는 제한이 있다.
③ 커피와 뜨거운 물을 섞은 전체 혼합액을 일정 시간을 두고 우려낸 다음 커피 찌꺼기를 프레스로 눌러내려 커피액만 따라내는 방식의 추출 기구이다.
④ 드립 방식의 커피보다 농밀하고 깊은 커피 맛을 갖고 있다.

278. 튀르키예식 체즈베 추출 커피의 맛과 향미에 대한 설명으로 적절하지 않는 것은?

① 반복적으로 끓어오르면서 커피 성분이 계속 추출된다.
② 설탕을 함께 넣어서 끓이면 안 된다.
③ 상당히 진하고 묵직한 맛의 커피가 추출된다.
④ 끓임을 마치고 필터를 이용하면 좀 더 깔끔한 커피를 즐길 수 있다.

279. 체즈베 추출 방법에 대한 설명으로 맞지 않는 것은?

① 커피 가루의 입자는 프렌치프레스보다 굵게 분쇄한다.
② 체즈베 포트에 커피 가루, 물, 설탕을 함께 넣고 잘 섞어준다.
③ 커피가 끓어오르면서 거품이 넘치려고 하면 불에서 체즈베를 분리하여(5~10초) 거품이 가라앉을 때까지 식힌 후 다시 올려서 끓인다.
④ 끓이고 식히기를 3~5회 정도 반복하는데, 횟수가 늘수록 향미가 진해지므로 자신의 기호에 맞춰 횟수를 조절한다.

280. 프렌치프레스 커피 추출의 단점에 대한 설명으로 틀린 것은?

① 찌꺼기(미분)가 남는다.

② 카페인 함량이 매우 높다.

③ 비커가 유리로 되어 있어서 잘 깨진다.

④ 잡맛이 전혀 없다.

281. 클레버 드리퍼에 대한 설명으로 적절하지 않는 것은?

① 클레버는 침출식과 여과식 드리퍼의 장점을 혼합한 드리퍼이다.

② 클레버는 뚜껑, 본체, 패킹으로 구성되어 있다.

③ 클레버는 사용 절차가 다소 복잡해 가정에서 사용하기는 힘들다.

④ 클레버는 서버나 컵 위에 올리면 패킹이 열리면서 커피가 추출된다.

282. ( )에 들어갈 말로 맞는 것은?

> ( )은 커피의 입자, 교반의 정도, 필터의 종류, 화력의 사용에 따라
> 아주 다양하게 커피를 추출할 수 있는 것이 특징이다. 그래서 ( )
> 대회도 쉽게 볼 수 있다.

① 사이폰　　　　　　　② 하리오

③ 칼리타　　　　　　　④ 케멕스

283. 가압 방식의 에스프레소 머신이 내는 맛과 가장 근접하기 때문에 이탈리아 대부분의 가정에서 널리 사용되고 있는 커피 추출 기구는?

① 체즈베　　　　　　　② 모카포트

③ 케멕스　　　　　　　④ 사이폰

284. (   )에 들어갈 말로 맞는 것은?

> (   )는 우려내는 방식이라 커피는 바디감이 풍부해지게 된다. 커피
> 와 뜨거운 물을 섞어 우려낸 다음 커피 찌꺼기를 프레스로 눌러내려 커피액
> 만 따라내는 방식의 추출이다.

① 사이폰   ② 이브릭

③ 프렌치프레스   ④ 케멕스

285. 클레버 추출 방법에 대한 설명에서 (   )에 맞는 말은?

> - 클레버 드리퍼 안에 (   )를 넣는다..
> - (   ) 안에 분쇄된 커피를 넣은 후, 물을 붓고 성분이 추출되기를
>   기다린다.
> - 원활한 추출을 위해 스틱이나 스푼으로 원두와 물을 함께 저어준다.
> - 추출 시간이 다 되면 서버나 컵에 올려 커피를 내린다.

① 금속 필터   ② 콘 필터

③ 종이 필터   ④ 융 필터

286. (   )에 들어갈 말로 맞는 것은?

> - 클레버는 (   ) 추출 도구인 프렌치프레스처럼 원두를 물에 담그
>   므로 풍성한 바디감을 표현할 수 있으면서 (   ) 드리퍼처럼 종
>   이 필터로 커피만 걸러내기에 미분이 적고 맛도 깔끔해진다.

① 침출식, 여과식   ② 여과식, 침출식

③ 가압식, 달임식   ④ 침출식, 달임식

287. 사이폰 커피의 특징과 개념에 대한 설명과 다른 것은?

① 사이폰 커피의 매력은 시각적인 효과가 뛰어나다는 점에 있다.

② 유리구가 가열되면서 물이 끓어오르는 모습은 과학 실험실의 모습을 연상케 한다.

③ 사이폰 커피는 가정에서 사용하기가 매우 힘들다는 단점이 있다.

④ 최근에는 안전상의 이유로 알코올램프가 아닌 할로겐 빔(원적외선 빔) 히터를 사용하기도 한다.

288. 여러 가지 추출 방법에 대한 설명으로 틀린 것은?

① 모카포트(Moka pot) - 이탈리아 가정에서 많이 사용되며 수증기압을 이용하여 추출한다.

② 핸드드립(Hand drip) - 드립퍼(Dripper)와 종이 필터를 사용하는 추출 방법

③ 프렌치프레스(French press) - 저온으로 커피를 추출하는 방식으로 카페인이 용해되기 어렵다.

④ 배큐엄 브루워(Vacuum brewer, 사이펀) - 진공식 추출 방법으로 향미 성분을 추출하는 방법이다.

289. 사이폰 커피의 추출 원리에 대한 설명으로 틀린 것은?

① 물이 끓으면서 아래쪽 플라스크 내 압력이 커지고, 압력에 밀려 물이 위쪽 플라스크로 이동하여 커피 가루와 접촉한다.

② 부글거리며 끓는 커피를 대나무 주걱이나 스틱으로 저어준다.

③ 커피에 허연 거품이 일 때쯤 불을 끄면 아래쪽 플라스크의 기압이 내려가고 커피는 아래쪽 플라스크로 이동한다.

④ 추출 전 플라스크와 필터를 예열해 줄 필요는 없다.

290. 사이폰 커피의 맛과 향에 대한 설명과 맞지 않는 것은?

① 진공 흡입 시 올라가는 물의 속도가 빠르고 추출 시간이 짧은 편으로 부드럽고 깔끔한 맛을 낸다.

② 증기압 조절에 주의를 기울이지 않아도 된다.

③ 스틱으로 섞어 줄 때 너무 많이 저으면 맛이 텁텁해질 수 있다.

④ 커피의 농도는 원두의 양, 물의 양, 추출 시간을 통해 조절이 가능하다.

291. 클레버 추출 커피의 특징에 대한 설명으로 맞지 않는 것은?

① 분쇄도와 물의 온도, 물의 양, 추출 시간만 맞춘다면 동일한 맛을 낼 수 있다는 장점을 가진다.

② 원두가 가지고 있는 좋은 향미와 맛들을 모두 추출해 낼 수 있다.

③ 중간에 저어주는 방법, 횟수, 물의 온도와 추출 시간을 조절하면 과다 추출을 방지할 수 있다.

④ 원두의 분쇄도를 굵게 하면 과다 추출 된다.

292. 모카포트에 관한 설명으로 적절하지 않는 것은?

① 프랑스 전역 대부분의 가정에서 널리 사용되고 있다.

② 에스프레소 커피를 손쉽게 뽑을 수 있는 도구이다.

③ 대부분의 포트는 알루미늄이나 스테인레스 스틸로 만들어져 있다.

④ 모카포트는 가압 방식의 에스프레소 머신이 내는 맛과 가장 근접하다.

293. 에어로프레스 추출 커피에 대한 설명으로 적절하지 않는 것은?

① 침출 형태로 원두 가루를 충분히 적시기 때문에 맛의 편차가 크다.

② 마이크로 필터가 미분을 걸러줘 드립 커피의 깔끔하고 부드러운 맛이 난다.

③ 추출 가압이 커피의 오일 성분을 더욱 끌어내어 향이 더 풍부하고 농도가 진하다.

④ 짧은 추출 시간으로 카페인이 적게 추출되고 쓴맛도 약하다.

294. 모카포트로 커피를 추출할 때 주의해야 할 점이 아닌 것은?

① 하부 포트에 물을 채울 때 안전밸브가 물에 잠기지 않는 것이 안전에 좋다.

② 커피 가루를 바스켓에 담을 때 어느 한쪽으로 치우치지 않도록 주의한다.

③ 상부 포트와 하부 포트를 결합할 때 압력이 새지 않도록 꼭 잠가야 한다.

④ 맛 좋은 커피를 추출하려면 15kg 이상의 힘으로 커피를 잘 다져주어야 한다.

295. 가압식 추출 기구 에어로프레스에 대한 설명으로 맞지 않는 것은?

① 미국 에어로비사에서 2005년 개발한 것이다.

② 공기압을 활용하는 독특한 방식의 커피 추출 기구이다.

③ 구조가 복잡하여 사용과 관리가 어렵다.

④ 유럽에서는 에어로프레스 대회가 있을 정도로 인기가 많은 추출 기구이다.

296. 다음 중 에스프레소와 가장 비슷한 커피 추출 기구는?

① 사이폰   ② 모카포트

③ 프렌치프레스   ④ 융드립

297. 에어로프레스 특징에 대한 설명에서 (　　　　)에 맞는 말은?

> 기구 자체가 (　　　)의 굵기와 양, (　　　)의 온도와 양, (　　　)시간에
> 대한 허용 범위가 넓기 때문에 추출 시 다양한 변수가 존재한다. 역으로 생
> 각하면 다양한 변수로 인해 조합 가능한 추출 레시피가 상당히 많다는 것이
> 장점일 수도, 단점일 수도 있다.

① 생두, 물, 압력   ② 원두, 물, 압력

③ 생두, 물, 추출   ④ 원두, 물, 추출

298. 에어로프레스 사용 시 주의점에 대한 설명으로 적절하지 않는 것은?

① 역방향 추출 시는 플런저를 아래에 두게 되므로 커피물이 새지 않도록 고무 실을 꼭 채워야 한다.

② 원두의 분쇄도는 드립용보다 조금만 더 가늘게 갈아야 한다.

③ 추출 시 압력을 고르게 가해야 하므로 반드시 한 손을 사용해야 한다.

④ 서버로 사용되는 유리잔 등은 추출 시 가해지는 압력을 견딜 수 있는 튼튼한 것으로 해야 한다.

KATE 자격 검정 메뉴얼

299. KATE '커피 브루잉 마스터' 필기 검정 〈검정 기준〉에서 (   )에 들어 갈 말로 맞는 것은?

〈검정 기준〉
- 출제 형태 : (A   ) 60문제
- 시험 시간 : 60분
- 감독 위원 : 협회 자격 검정위원회에서 위촉
- 합격 기준 : 60점(36문항) 이상이면 합격
- 평가 위원 : 협회 자격 검정위원회에서 위촉
- 자격증 발급 신청 기간 : 합격일로부터 (B   )

① A-주관식, B-1년
② A-객관식, B-1년
③ A-객관식, B-2년
④ A-객관식, B-2년

300. KATE '커피 브루잉 마스터' 검정 과정에 대한 규정에서 (   )에 들어 갈 말로 맞는 것은?

구 분	검정(이수)방법	합격(이수)기준
표준 교육 과정 이수	• (A) 수강 • 실기(자체) 평가 응시	• 10시간 이상 수강 • 실기 평가 합격
(B)	• 객관식 : 60문항(4지선다) • 시험시간 : 60분	• 100점 만점 기준 • 60점 이상

① A-표준 교육 과정, B-실기

② A-실기교육과정, B-필기

③ A-표준 교육 과정, B-필기

④ A-실기교육과정, B-실기

사단법인 KATE 커피 브루잉 마스터 자격 검정 안내

❶. 관광 바리스타 자격 검정의 의의

커피 브루잉 마스터 자격 검정은 커피에 대한 전문적인 지식과 기술을 바탕으로 원두를 선택하고 커피 추출 도구를 능숙하게 활용하여 고객의 입맛에 맞는 커피를 제조함은 물론 전문적인 서비스를 곁들여 고객에게 제공하는 작업 수행 능력을 '협회' 주관으로 평가하는 것이다.

❷. 자격 검정 개요

구 분	검정(이수) 과목	검정(이수) 방법	합격(이수) 기준
표준 교과 과정 이수	• 커피 개론 이론 • 커피 제조 실무	• 표준 교육 과정 수강 • 실기(자체) 평가 응시	• 10시간 이상 수강 • 실기 평가 합격
필기	• 커피 개론 • 로스팅/블렌딩/그라인딩 • 커핑과 향미 평가 • 핸드메이드 커피 제조	• 4지선다 • 객관식 : 60문항 • 시험시간 : 60분	• 100점 만점 기준 • 60점 이상

❸. 커피 브루잉 마스터 자격 검정 절차

| 1단계
과정 접수 | 2단계
과정 운영
(12시간 이상) | 3단계
필기 접수
(과정 이수자) | 4단계
필기 검정 | 5단계
자격증
취득 |

④. 커피 브루잉 마스터 자격 검정 응시 자격

- 대한민국 국민 또는 외국인(통역은 본인이 준비)
- 본협회 인증 교육 기관에서 온·오프라인 표준 교육 과정을 이수한 자

⑤. 자격 검정 절차

1 표준 교육 과정 이수 절차

- **수강생 접수** : 인증 교육기관 별로 접수
- **과정 운영 사전 신청** : 수강생 명부 포함 신청서(별지1)를 협회에 신청
- **과정 운영** : 표준 교육 과정(별지2) 강좌 운영
- **과정 이수 기준**
  - 표준 교육 과정 80% 이상 출석
  - 교육 기관 자체 실기 평가 60점 이상 합격(평가표 : 별지3)

2 필기 검정 응시 절차

- **응시 원서 접수** : 인증 교육기관 별로 단체 접수(이메일 또는 우편 접수)
- **응시료 및 자격증 발급비 납부** : 협회 전용 계좌로 개별 및 단체 입금
- **응시자 확정** : 수험번호 및 수험생 이름을 협회 홈페이지 공지 인증 교육기관 감독위원에게 통보
- **필기 시험 준비물** : 수험표(홈페이지 출력), 신분증, OMR 카드 전용 수성 사인펜
- **필기 시험 응시** : 시험 30분 전까지 지정 검정장에 입실 완료
  감독관의 통제에 따라 시험 응시

6. 자격 검정 방법 및 합격 기준

1 필기 검정

- 검 정 장 : 협회 인증 교육기관(홈페이지 참조)
- 출제 위원 : 협회 자격 검정위원회에서 위촉
- 출제 범위 : 협회 발간 '커피 브루잉 마스터' 교재 범위
  - 커피개론, 로스팅/블렌딩/그라인딩, 커핑과 향미 평가, 핸드메이드 커피 제조
- 출제 형태 : 객관식(사지선다형) 60문제
  - '커피 브루잉 마스터' 교재의 문제 은행에서 무작위 편집 출제
- 시험 시간 : 60분
- 감독 위원 : 협회 자격 검정위원회에서 위촉
- 합격 기준 : 60점(36문항) 이상이면 합격
- 평가 위원 : 협회 자격 검정위원회에서 위촉
- 합격 발표 : 검정 실시 1주일 후 (협회 홈페이지 공지 및 개별 통보)
- 유효 기간 : 합격일로부터 1년(자격증 발급 신청 기간)

7. 인증 교육기관 업무

1 표준 교육 과정 운영 업무

- 표준 교육 과정 운영 계획 신청 : 협회에 신청하여 승인
- 표준 교육 과정 운영 : 철저한 출석 관리
- 자체 실기 검정 실시 : 협회 평가표(별지3)에 의거 자체적으로 실시

2 필기 검정 업무

- 필기 시험일 지정 : 협회에 신청하여 시험일 조정 결정

- 응시 원서 접수 및 응시료 납부 : 필기 시험일 14일 전까지
- 필기 검정 사전 준비
  - 필기 검정장 준비(필기 시험이 가능한 책상과 의자가 갖춰진 시험장)
  - 협회에서 수험표 수령 후 수험생들에게 배부
  - 수험생 준비 사항 사전 교육 실시 및 지정 검정 일시 수험생에게 통보
- 필기 검정 실시(감독 위원 업무)
  - 필기시험 문제지와 답안지 수령 : 협회로부터 시험 1일 전까지
  - 시험 시작 30분 전에 도착하여 제반 사항을 점검(신분증 확인 등)
  - 엄격한 감독하에 시험 실시
  - 시험 종료 후 답안지 봉투를 밀봉(응시/결시 인원, 감독 위원 서명)
  - 감독 위원은 시험 종류 후 3일 이내에 답안지가 협회에 도착하도록 우편으로 발송
    하거나 제출
- 합격증 수령 배부 : 협회로부터 수령하여 합격자들에게 배부

③ 자격증 신청 및 수령 배부 업무

- 자격증 신청 : 검정 최종 합격자들에 대해 자격증 발급비를 개별 또는 단체로 납부하
  고 신청
- 자격증 수령 배부 : 협회로부터 수령하여 자격증 취득자들에게 배부

⑧ 검정(교육 과정 이수/필기) 실시 최소 인원

- 응시 인원 10명 이상(인원 미달 시 협회와 협의 후 실시)

⑨ 필기 검정장 준비 업무

- 고사장의 정문부터 시험장까지 안내 표지판을 부착한다.

- 고사장에 명단을 부착하여 응시자들이 순서를 알 수 있도록 한다.
- 응시자들은 시험의 순서 및 자리를 임의로 바꿀 수 없고 부득이한 경우 감독(심사) 위원의 허가를 받도록 한다.
- 응시자는 수험표와 신분증을 반드시 지참하여야 하고, 개인 준비물은 본인이 준비하는 것을 원칙으로 한다.
- 대화를 나누거나 다른 응시생에게 영향을 미치는 행위를 한 경우에는 부정 행위로 간주하여 응시 자격을 박탈한다.
- 검정 응시자들은 시험 시간 30분 전까지 입실 완료하도록 한다.
- 특이 사항 발생 시 협회에 보고하고 감독(심사) 위원이 사유서 작성해서 첨부한다.

⑩ 응시료 및 환불 규정

- **응시료**(필기) : 40,000원
- **자격증 발급비** : 10,000원
- **환불 규정** – 검정일 1주일 전 전액 환불
  - 검정일 3일 전 70% 환불
  - 검정일 2일 이내 환불 불가

(사)KATE/한국여행서비스교육협회 자격 검정위원회

〈별지1〉

커피 브루잉 마스터

과정 운영 신청서

기관명/대표		연락처	000-0000-0000
강사명		연락처	000-0000-0000
과정 운영 기간/시간			
수강자 명부 (명)			
성명	생년월일	성명	생년월일
년 월 일 기관명 : ㊞			

〈별지2〉

표준 교육 과정

강좌 개요	강 좌 명	커피 브루잉 마스터	
	수업 형태	이론 및 실습 / 12시간	
수업 목표	커피 브루잉 마스터 자격 검정은 커피에 대한 전문적인 지식과 기술을 바탕으로 원두를 선택하고 커피 추출 도구를 능숙하게 활용하여 고객의 입맛에 맞는 커피를 제조함은 물론 전문적인 서비스를 곁들여 고객에게 제공하는 작업 수행 능력을 갖추는 것을 목표로 한다.		
교육자	교재명(자료명)	저자	출판사
	커피 브루잉 마스터	(사)한국여행서비스교육협회	한올출판사

시차별 강의 내용

시수	수업 방법	강 의 내 용	준비물
1	이론	• 커피 브루잉 마스터 OT • 커피의 이해 - 커피나무의 재배와 수확 • 커피의 품종과 산지별 특징	강의안, 교재
2	이론	• 커피의 이해 - 커피의 등급과 분류 • 커피의 보관과 음용법	강의안, 교재
3	이론	• 커피 로스팅	강의안, 교재
4	이론	• 커피 블랜딩 / 커피 그라인딩	강의안, 교재
5	이론	• 커피 추출의 이해	강의안, 교재
6	이론/실습	• 칼리타, 하리오, 칼리타 웨이브 추출	추출 도구
7	이론/실습	• 융드립, 콘드립 추출	추출 도구
8	이론/실습	• 케멕스, 콜드브루 추출	추출 도구
9	이론/실습	• 체즈베, 프렌치프레스 추출	추출 도구
10	이론/실습	• 사이폰, 클레버 추출	추출 도구
11	이론/실습	• 모카포트, 에어로프레스 추출	추출 도구
12	이론	• 커피의 성분과 향미 평가	강의안, 교재

수험자	기관(소속)	
	성　명	
	생년월일	

(사)KATE
커피 브루잉 마스터 실기 평가표

취득점수 총　계	점	심사 위원	㊞

■ 준비 평가 (10점)

2	물, 원두, 필터 점검/넵킨과 행주 작업 공간의 청결 정리	◎	①	②		
4	기구(전기포트, 저울, 온도계, 타이머 등) 작동 점검 확인 그라인더 점검, 작동 및 분쇄도 확인	◎	①	②	③	④
4	드립 세트 세팅 점검 및 예열/시연 공간 기물 배치	◎	①	②	③	④

■ 칼리타 세트 핸드드립 기술 평가 (44점)

8	원두 계량(20g), 분쇄도 적정성, 온수의 온도(88~95°) 필터 접기와 세팅 및 예열된 드립 세트 물기 제거	◎	②	④	⑥	⑧
8	커피 가루 평평하게 정리 및 뜸들이기(30~40초) 커피 2/3 이상 침수, 1~2방울 내 침출, 온수 필터 안 닿기	◎	②	④	⑥	⑧
6	드립 물줄기 균일도, 높이, 한 방향 회전 중앙 부분 드립	◎	②	④	⑥	
8	추출 횟수(3~4회)와 추출 양 및 시간의 흐름, 추출 기술	◎	②	④	⑥	⑧
8	2인분 추출량(240ml)과 추출 시간(2분 30초 내외) 드립 기구 다루는 기술의 능숙도, 위생 관리, 청결 관리	◎	②	④	⑥	⑧
6	예열 커피잔 물기 제거, 추출 커피 나눠 담기 담긴 커피의 온도(60~70°), 커피잔 및 스푼 세트 정리	◎	②	④	⑥	

■ 정리 평가 (6점)

3	핸드드립 기구, 그라인더 주변 커피 찌꺼기 정리 상태	◎	①	②	③	
3	작업 공간의 청결, 기물 및 재료 정리 마무리 상태	◎	①	②	③	

■ 칼리타 드립 커피 맛 평가 (28점)

6	커피의 신맛(Acidity)과 단맛(Sweetness)	⓪	②	④	⑥	
6	커피의 향미(Flavor)와 촉감(Body)	⓪	②	④	⑥	
6	커피의 후미(Aftertaste)와 밸런스(Balance)	⓪	②	④	⑥	
10	커피의 양과 온도 / 커피의 종합(Overall)	②	④	⑥	⑧	⑩

■ 서비스 평가 (12점)

4	복장 및 용모, 표정(미소와 눈맞춤) 및 자세	⓪	①	②	③	④
4	서비스 멘트, 원두 소개, 추출 절차 및 기술 설명	⓪	①	②	③	④
4	서빙 자세, 커피잔 및 쟁반 다루는 자세 작업 중 작업 환경 정리와 위생 청결 관리	⓪	①	②	③	④

■ 실격 처리 (□에 ✓ 표시 후 사유를 작성해 주시기 바랍니다)

기준	□ 실기 검정 평가 기준 매뉴얼 위반 □ 도구 사용 미숙(드립 세트, 드립 포트, 잔 세트, 행주, 트레이)
사유	

참고 문헌

- 강찬호(2016), 커피백과, 기문사
- 관광바리스타(2판), (사)KATE, 한올출판사(2022)
- 권봉헌·이은준(2014), 커피, 대왕사
- 김윤태(2016), 바리스타 기본실무, 대왕사
- 김일호(2018), 커피로스팅 사용설명서, 백산출판사
- 김정대(2021), 커피바리스타, 파주바리스타학원
- 김호철 외(2014), 커피(제3판), 기문사
- 도형수(2020), 커피 브루잉, 아이비라인
- 박영배(2014), 커피&바리스타, 백산출판사
- 서진우(2014), 커피바이블, 대왕사
- 서진우·문옥선(2017), 프로바리스타 바이블, 대왕사
- 쇼셜카페협동조합(2016), 쇼셜카페협동조합 매뉴얼
- 이용남(2014), Cafe&Baristar, 백산출판사
- 이재진 외(2016), 커피와 바리스타, 대왕사
- 정정희 외(2014), COFFEE N COFFEE, 백산출판사
- 최병호·권정희(2016), 커피 바리스타 경영의 이해, 기문사
- 최정희 외(2013), 커피조리, 새로미
- 최풍운·박수현(2013), THE COFFEE, 백산출판사
- 최희진·안성근(2011), 커피의 세계와 바리스타, 대왕사
- 카페핸드드립, (사)KATE, 한올출판사(2021)
- 한국장애인개발원(2014), 꿈앤카페 바리스타 직무 매뉴얼
- 한순숙(2010), 커피 바리스타, 서강정보대학
- 홍경옥(2016), 에센스 커피, 기문사
- 황호림(2016), 바리스타 2급, 영진닷컴
- (사)한국커피협회(2017), 커피지도사 2급, 커피투데이
- (사)한국커피협회(2018), 커피지도사 1급, 커피투데이
- NCS학습모듈(2013~2016), 커피관리

편집위원 소개

위원장　최동열(KATE, 서영대학교)

위　원

강찬호(서정대학교)	이병열(인덕대학교)
고종원(연성대학교)	이상태(제주관광대학교)
공윤주(백석예술대학교)	이상희(서울호텔관광학교)
공은영(서영대학교)	이소민(서영대학교)
구태희(신안산대학교)	이순구(한양여자대학교)
권기완(서영대학교)	이은민(인덕대학교)
김병국(대구대학교)	이정주(서정대학교)
김상진(경복대학교)	이정탁(호남대학교)
김선일(한국폴리텍대학)	이정호(동강대학교)
김세환(서울문화예술대학교)	이지우(로이문화예술학교)
김수현(김포대학교)	이하정(동남보건대학교)
김영현(호남대학교)	이현주(한국호텔관광학교)
김용기(신한대학교)	이홍규(제주관광대학교)
김자현(서영대학교)	이희민(서영대학교)
김종욱(대림대학교)	임용식(국제대학교)
김진형(원광보건대학교)	임유희(KATE)
김형철(김포대학교)	장양례(숭의여자대학교)
나상필(아세아항공전문학교)	전영호(군장대학교)
남중헌(창신대학교)	전홍진(광주보건대학교)
민일식(중부대학교)	정강국(계명문화대학교)
박복덕(KATE)	정연국(동의과학대학교)
박인수(서영대학교)	정재우(영진전문대학교)
박종찬(광주대학교)	정지효(로이문화예술학교)
박창규(전남도립대학교)	정희선(청암대학교)
서정원(대림대학교)	조원길(부천대학교)
서정태(동원대학교)	조재덕(한국호텔관광학교)
서현웅(Hotel&Restaurant)	천덕희(순천향대학교)
손재근(서정대학교)	최미선(부산외국어대학교)
신길만(김포대학교)	최승리(동서울대학교)
신상준(호원대학교)	최우승(대림대학교)
신정하(제주한라대학교)	최동희(광주대학교)
심홍보(오산대학교)	최훈태(전북과학대학교)
안태기(광주대학교)	하종명(한국국제대학교)
여영숙(호남대학교)	허용덕(상지영서대학교)
용환재(진주보건대학교)	홍민정(우성정보대학교)
이광옥(백석대학교)	홍철희(청암대학교)

Coffee Brewing Master
커피 브루잉 마스터

초판 1쇄 인쇄 2024년 5월 10일
초판 1쇄 발행 2024년 5월 15일

저 자 (사)KATA
펴낸이 임 순 재
펴낸곳 (주)한올출판사
등 록 제11-403호
주 소 서울시 마포구 모래내로 83(성산동, 한올빌딩 3층)
전 화 (02)376-4298(대표)
팩 스 (02)302-8073
홈페이지 www.hanol.co.kr
e - 메 일 hanol@hanol.co.kr
I S B N 979-11-6647-452-1

커피 브루잉 마스터
Coffee Brewing Master

커피 브루잉 마스터
Coffee Brewing Master

커피 브루잉 마스터
Coffee Brewing Master